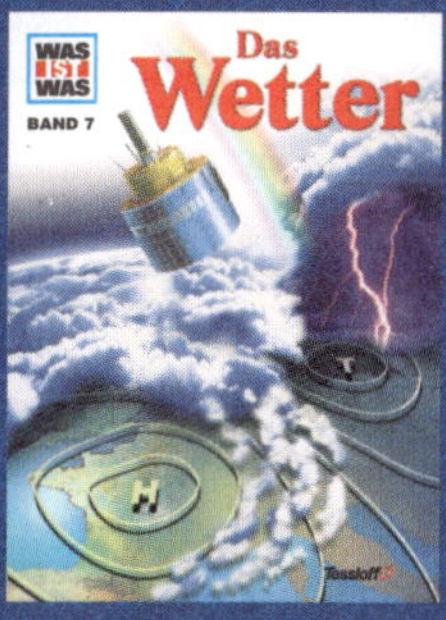

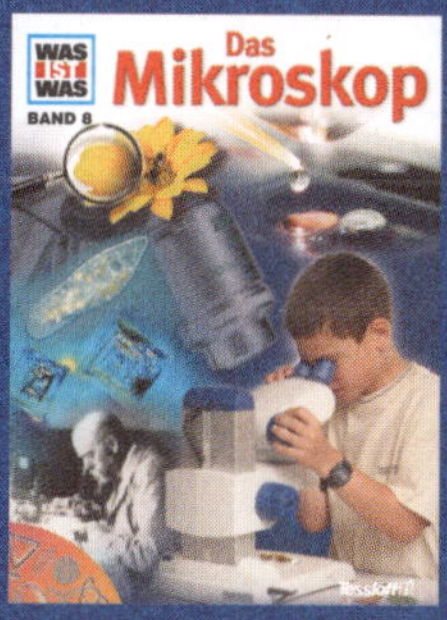

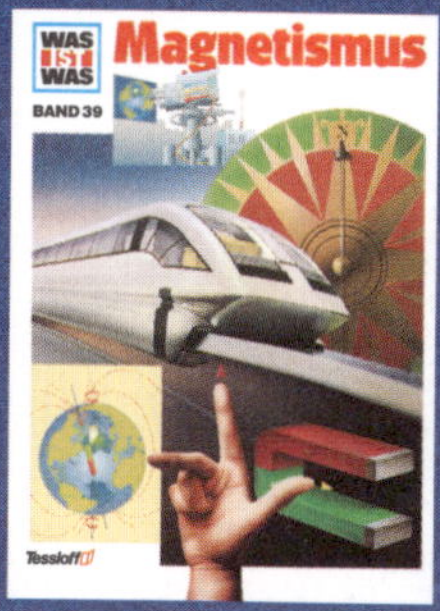

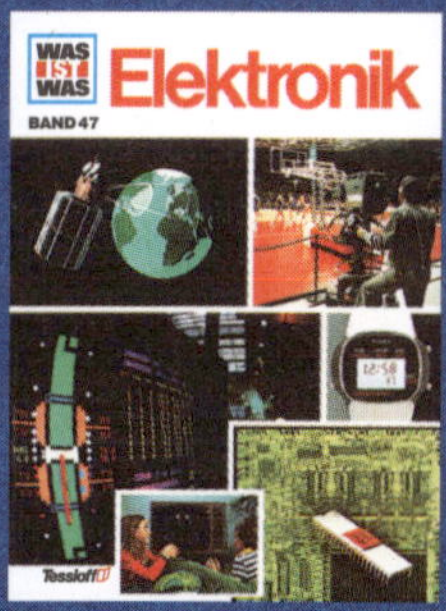

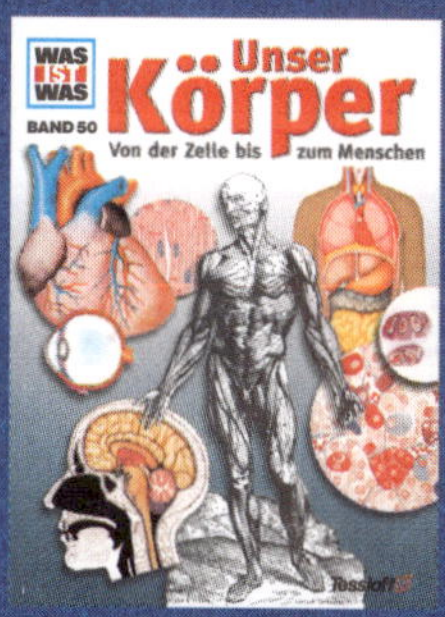

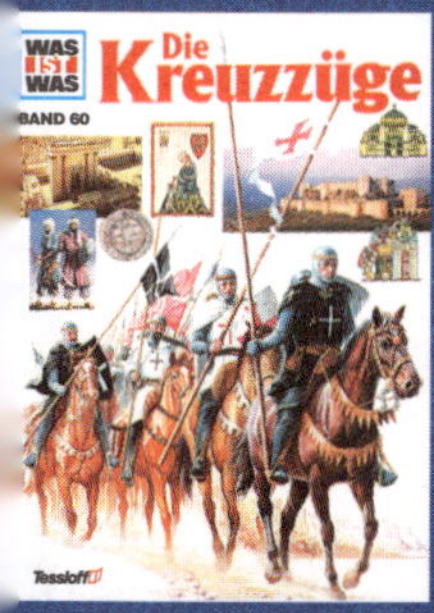

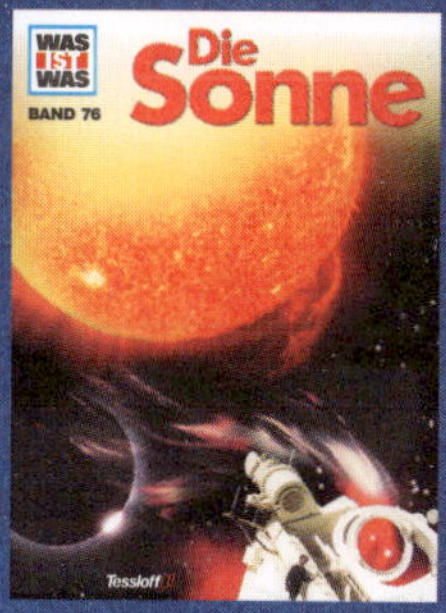

Weitere Titel siehe letzte Seite.

Ein WAS IST WAS Buch

# Die Sterne


Von Prof. Heinz Haber

Neu bearbeitet von Dr. Erich Übelacker

Illustriert von Jörn Hennig und Frank Kliemt

*Trifidnebel im Sternbild Schütze*


Tessloff Verlag

# Vorwort

Jahrtausendelang waren die Sterne für die Menschen völlig unerreichbar, aber sie haben unsere Vorfahren seit ältester Zeit fasziniert. Deshalb wurde die Sternenkunde, die Astronomie, zur ältesten Wissenschaft überhaupt.

Jahrtausende hat es gedauert, bis die Menschen von der naiven Vorstellung loskamen, die Sterne seien nur leuchtende Punkte, die innen an einer riesigen Kuppel angeheftet seien. Aber schon die großen Geister des Altertums ahnten, dass der gestirnte Himmel mit Sonne und Mond mehr war als eine Art von Planetarium. Sie ahnten, dass die Planeten und Sterne eigene Himmelskörper sind, die ähnlich wie unsere eigene Erde als Kugeln im Weltall schweben. Sah man doch nirgends eine feste Halbkugel als Begrenzung, sondern schaute nur in die Tiefen des Weltalls. Die Astronomie der Neuzeit begann damit, dass es gelang, die Entfernung der Planeten zu bestimmen und das Sonnensystem zu vermessen. Erst dann konnte man auch etwas über die wahre Größe und Helligkeit der Gestirne aussagen. Die Ergebnisse waren sehr aufregend, denn es stellte sich heraus, dass die meisten Gestirne, die wir am Himmel sehen, viele Male größer sind als die Erde, auf der wir wohnen. Doch noch zu jener Zeit, als das Sonnensystem bereits genau ausgemessen und die Gesetze der Planetenbewegungen schon gut bekannt waren, hatte man keine rechte Ahnung, wie groß die Milchstraßenräume in Wirklichkeit sind: das unvorstellbar tiefe Weltall, in dem die Geschwister der Sonne, die Fixsterne, kreisen.

Seit dem Start der Weltraumfahrt sind wir Menschen den Sternen näher gekommen. Unsere drei nächsten Nachbarn im All – den Mond und die Planeten Venus und Mars – haben wir schon direkt berührt; auf dem Mond sind wir sogar schon einige Male gelandet. So hat die älteste der Wissenschaften, die Sternenkunde, nichts an Spannung verloren; nein, sie ist reizvoller denn je.

Prof. Dr. rer. nat. habil. Heinz Haber

WAS IST WAS

**BAND 6**

Dieses Buch ist auf chlorfrei gebleichtem Papier gedruckt.

**BILDQUELLENNACHWEIS:**
**FOTOS:**
Astrofoto,Sörth: S. 1, 6, 8, 9, 10/11, 12, 13, 14, 15o, 15u, 16 l, 16/17, 17u, 18/19, 19u, 20o, 20u, 25o, 25u, 26l, 26r, 27l, 27r, 28, 29, 30o, 31, 33, 36o, 38, 39u, 40, 41, 42ol, 42or, 43, 44u , 46, 47, 48; Bildarchiv Preussischer Kulturbesitz, Berlin: S. 7; Planetarium, Hamburg: S.24o; 39ol, 39or, 42u

**UMSCHLAGFOTOS:** Astrofoto, Sörth; NASA

**ILLUSTRATIONEN:** Frank Kliemt, Hamburg



ISBN 3-7886-0246-5

# Inhalt

# Lichter am Himmel

**Wie stellten sich unsere Vorfahren den Himmel vor?**

Als unsere Vorfahren vor vielen hunderttausend Jahren noch in Höhlen lebten, haben sie des Nachts immer wieder zum Himmel emporgeschaut – und sie haben gestaunt. Sie konnten nicht begreifen, was sie dort sahen: Über ihren Köpfen glitzerten unerreichbar hoch zahllose Punkte, die langsam ihre Kreise zogen, des Morgens verschwanden, in der folgenden Nacht aber immer wieder ganz zuverlässig auftauchten. Und dort, wo man tagsüber die mächtige Sonnenscheibe sah, gab es nachts den Mond, der in regelmäßigen Abständen seine Form änderte und die dunklen Nächte erhellte.

Das alles verstanden die Urmenschen nicht, sie konnten es sich nicht erklären. Allmählich aber, im Verlauf vieler Jahrtausende, begannen unsere Vorfahren sich ein Bild zu machen von dem, was sie dort sahen: Die Erde, so glaubten sie, ist

**ASTRONOMIE/ASTROLOGIE**

**Die Astronomie ist ein Teilbereich der Physik, also eine exakte Naturwissenschaft. Sie erforscht die Entfernungen, Zusammensetzungen und Bewegungen der Gestirne sowie die Geschichte und den Aufbau des Weltalls. Die Astrologie ist eine sehr umstrittene Lehre vom Einfluss der Gestirne auf irdische Vorgänge, das menschliche Schicksal und unseren Charakter.**

*Der Nachthimmel mit den vielen leuchtenden Punkten und dem Mond, der seine Form auf geheimnisvolle Weise immer wieder verändert, war unseren Vorfahren, den Urmenschen, ein unlösbares Rätsel.*

**Ägypten und Babylon**

**Die ersten Astronomen arbeiteten im alten Ägypten, in Babylon und China. Schon vor Jahrtausenden benannten sie die Sternbilder, konnten Finsternisse berechnen und genaue Kalender aufstellen.**

eine riesige Scheibe, auf der das Himmelsgewölbe wie eine darüber gestülpte große Kuppel sitzt. Und der Himmel mit all seinen Sternen dreht sich langsam über der Erde. Die Sonne befindet sich innerhalb dieser Glocke, abends verschwindet sie – wohin, wusste man nicht. Hinter der Himmelskuppel, also außerhalb von ihr, brennt ein riesiges Feuer. Man kann es nicht sehen, weil der Himmel undurchsichtig ist. Er hat aber viele kleine Löcher, durch die der Lichtschein des Feuers auf die Erde fällt. Tags nimmt man es nicht wahr, weil das Licht der Sonne die Helligkeit der kleinen Löcher überstrahlt.

Andere Völker glaubten dagegen, die Sterne seien am Himmel befestigt, so wie wir elektrische Birnen an der Zimmerdecke haben.

Lange Zeit hindurch war besonders letzteres die allgemein anerkannte Auffassung vom Himmel und seinen Sternen; erst in den letzten 500 Jahren haben die Menschen schließlich begriffen, was da eigentlich am Himmel leuchtet.

## Wie kam man auf die Kugelform der Erde?

Das Bemühen, das alles zu verstehen, begann allerdings schon viel früher. Der entscheidende Fortschritt war die Erkenntnis, dass die Erde keine Scheibe, sondern eine Kugel ist. Zu dieser Einsicht kam man nicht zuletzt durch die frühen Seefahrer. Auf den Meeren hatten sie immer wieder beobachtet, dass von einem Schiff, das hinter dem Horizont verschwand, als letztes noch die Mastspitzen zu sehen waren. Die Schiffe, so schlossen die ersten Astronomen (Sternforscher), mussten also auf irgendeine Weise einen Berg, nämlich die Erdkrümmung, „hinunterfahren".

Von da bis zu der Erkenntnis, dass die Erde eine Kugel ist, war es nicht mehr weit. Schon gegen Ende des 5. Jahrhunderts v. Chr. waren die griechischen Philosophen und Astronomen von der Kugelgestalt der Erde überzeugt. Im Volk allerdings hielt sich hartnäckig die Vorstellung unseres Planeten als Platte – bis in das 16. Jahrhundert hinein.

Der Grieche Erastosthenes berechnete schon um 250 v. Chr. mit ziemlicher Genauigkeit den Erdumfang, und der große Astronom Ptolemäus, der um 140 n. Chr. in Alexandria lebte, vervollständigte das neue Bild vom Weltall: Er stellte sich die Erde als eine Kugel vor, die in einer größeren Kugel, dem Himmelsgewölbe, eingeschlossen ist. Die Himmelsachse, also die Linie, um die sich der Himmel dreht, verläuft durch die Mitte der Erde. Die Sterne sind am Himmelsgewölbe befestigt; wenn es sich einmal in 24 Stunden von Osten nach Westen dreht, drehen sich die Sterne mit. Zu den Sternen gehörten vor allem die sieben Planeten, zu denen Ptolemäus auch Sonne und Mond rechnete. Da diese Wandelsterne Eigenbewegungen vor der Fixsternkugel ausführten, erfand Ptolemäus für jeden eine eigene „Sphäre", die sich entsprechend schnell dreht.

*So stellten sich noch vor wenigen Jahrhunderten viele Menschen den Sternhimmel vor: Die Sterne sind am Himmelszelt befestigt und drehen sich mit diesem um die Erde, die im Mittelpunkt des Weltalls steht. Auf dem Holzschnitt rechts steckt ein Neugieriger seinen Kopf durch die Kuppel, um zu sehen, welche Apparaturen das Himmelszelt um die Erde bewegen.*

Dieses Ptolemäische System blieb bis in das Mittelalter, das etwa vom 5. bis zum 15. Jahrhundert dauerte, maßgebend. Erst viel später fand man heraus, was es mit den Sternen wirklich auf sich hat.

**Wer lehrte als Erster, dass die Erde um die Sonne kreist?**

Schon der griechische Philosoph Plato (427-347 v. Chr.) hatte erkannt, dass es falsch war, sich die Erde als Mittelpunkt der Welt vorzustellen, und der Astronom Aristarchos von Samos (310-230 v. Chr.) hatte gelehrt, dass die Sterne nur scheinbar um die Erde kreisen – es sei die Erde, die sich um ihre Achse dreht. Aristarchos war auch überzeugt, dass die Erde eine Bahn um die Sonne beschreibt. Aber seine Lehren erschienen seinen Zeitgenossen unsinnig. Sie wussten noch nichts von der Schwerkraft und konnten sich nicht vorstellen, dass die Menschen kopfüber mit der Erde durch den Weltraum rollten.

Auch der Mathematiker und Astronom Nikolaus Kopernikus (1473-1543), der im Jahr 1543 in seinem Buch „Über die Umläufe der Himmelskörper" als erster schwarz auf weiß behauptete, was die beiden Griechen vorher gedacht hatten, stieß zunächst auf Unglauben und Widerspruch. Kopernikus hatte die Planeten und die Sterne jahrelang beobachtet und die alten Schriften studiert und folgerte, dass die Erde ein Planet sein müsse, der sich um

### Fernrohre

**Teleskope oder Fernrohre sind Instrumente, mit denen man das Licht ferner Sterne und Sternsysteme sammeln kann. Dazu dient eine Objektivlinse oder ein Hohlspiegel. Je größer dieser ist, umso mehr Licht kann er aufnehmen und umso fernere und lichtschwächere Objekte können beobachtet werden. Die größten Teleskope haben Spiegeldurchmesser von 10 m. Außerdem kann man mit Fernrohren Mond, Planeten und Sternsysteme vergrößert darstellen.**

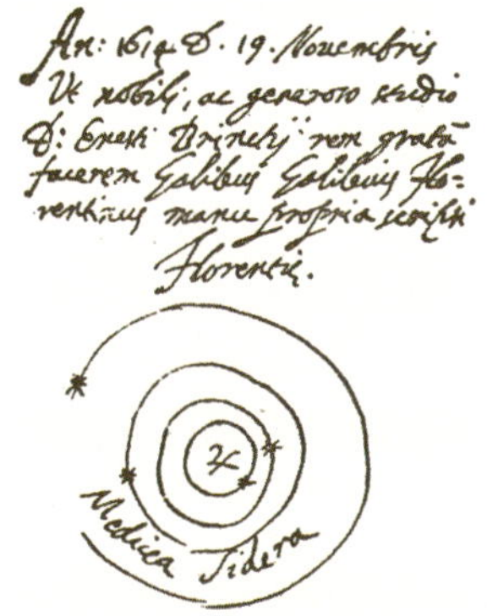

*Mit seinem primitiven Fernrohr entdeckte der italienische Astronom Galileo Galilei vier Jupitermonde, die er einem Fürsten der Medici-Familie widmete. Oben eine von Galileis Handskizzen zum Lauf der Monde um Jupiter.*

die Sonne bewegt. Er errechnete sogar die richtige Stellung der Planeten und ihre Entfernung zu der Sonne. Aber niemand wollte ihm Glauben schenken.

66 Jahre später verteidigte der große italienische Gelehrte Galileo Galilei (1564-1642) die Lehre des Kopernikus. Mithilfe des kurz zuvor erfundenen Fernrohrs hatte er vier Monde um den Planeten Jupiter kreisen sehen. Er sah auch, dass die Venus ähnlich wie der Mond Sichelphasen hat. Dies alles schien Galilei nur mit der Lehre des Kopernikus erklärbar und er bekannte sich zu ihr.

## Wer berechnete die Bahnen der Planeten?

Nun war das neue Weltbild nicht mehr aufzuhalten. Was Galilei gesehen hatte, sahen auch andere: Der Astronom Tycho de Brahe berechnete im protestantischen Dänemark geduldig die Planeten und ihre Bahnen, sein Nachfolger, Johannes Kepler, entdeckte im Jahr 1605, dass die Bahnen der Planeten um die Sonne nicht kreisförmig verliefen, wie Kopernikus angenommen hatte, sondern in Ellipsen. Kepler war schließlich der erste, der die Umlaufgeschwindigkeiten der Planeten richtig berechnete. Das wissenschaftliche Fundament, das all diese einzelnen Erkenntnisse zusammenfasste, schuf wenig später der englische Mathematiker Isaac Newton. Er erkannte, dass zwei Kräfte die Umläufe der Planeten um die Sonne bestimmen: die Schwerkraft (Gravitation) und die Fliehkraft (Zentrifugalkraft). Er fand auch das Gesetz der Schwerkraft: Alle Körper ziehen sich gegenseitig an, je schwerer sie sind, desto mehr, und mit zunehmender Nähe verstärkt sich ihre Anziehungskraft. Damit können wir auch heute noch die Bewegungen aller Körper im Weltall berechnen. Newton erklärte die Ursache für Ebbe und Flut, er erforschte das Licht und seine Farben, er verbesserte das Fernrohr, er studierte die Luftschwingungen und vieles mehr. Seine Erkenntnisse wurden zur Grundlage der modernen Physik und der Astronomie.

**KOSMOLOGIE**

**Das uns umgebende Weltall nennt man auch Universum oder Kosmos. Die Kosmologie ist ein Teilbereich der Astronomie und versucht, den Aufbau sowie die Geschichte und Zukunft des Alls zu erklären.**

**AMATEURFERNROHRE**

**sind kleine Geräte, mit denen man viele Wunder des Kosmos beobachten kann. Schon ein ganz einfaches Teleskop zeigt die Mondkrater, den Saturnring und die vier von Galilei entdeckten Jupitermonde.**

*Auf seiner Sternwarte Uranienborg bei Kopenhagen erforschte der dänische Astronom Tycho Brahe (1546–1601) mit selbst entwickelten, zum Teil völlig neuartigen Instrumenten den Sternhimmel. Mithilfe seiner Erkenntnisse fand der deutsche Astronom Johannes Kepler später die Planetengesetze.*

# Die Geburt der Sterne

**Wie viele Sterne sehen wir am Himmel?**

Mit bloßen Augen sehen wir etwa 2000 bis 3000 Sterne am Nachthimmel. Dabei fällt auf, dass sie verschieden hell sind. Es gibt eine Hand voll besonders heller Sterne, die man als Sterne „erster Größe“ bezeichnet. Dann kommen etwa zehnmal so viel Sterne „zweiter Größe“ und so geht es weiter bis zur „sechsten Größe“; das sind Sterne, die man mit bloßem Auge gerade noch sehen kann.

Die Sterne scheinen ganz regellos über den Himmel verstreut. Aber der Mensch – in seinem Drang, überall Ordnung zu schaffen – hat seit Urzeiten helle und weniger helle Sterne zu Gruppen zusammengefasst und allerlei Menschen, Tiere und Figuren hineingedichtet – die Sternbilder. Da gibt es an unserem Winterhimmel den Orion, eine Gruppe von sieben Sternen, die man als menschliche Figur mit gegürteter Taille deuten kann. Und am nördlichen Sternhimmel sehen wir den Großen Wagen – sieben Sterne zweiter Größe, die scheinbar dicht beieinander stehen. Mit ein bisschen Fantasie kann man sehr schön den Kasten und die Deichsel erkennen.

Die Sterne, die man in jeder klaren Nacht sehen kann, stehen scheinbar immer an derselben Stelle, als seien sie an der Himmelskugel festgenagelt. Deshalb nennt man sie Fixsterne, also festgeheftete Sterne.

Außer Sonne und Mond sehen wir mit bloßem Auge fünf weitere

**Sichtbarkeit der Sternbilder**

**Je nach Jahreszeit erkennt man am Himmel ganz verschiedene Sternbilder. Das liegt daran, dass sich die Erde um die Sonne dreht. Dadurch steht im Laufe des Jahres die Sonne immer vor anderen Sternbildern, die man zusammen mit ihrem Umfeld dann nicht sehen kann. Einige Sternbilder wie der Große Wagen sind bei uns immer, andere wie das Kreuz des Südens nie zu beobachten.**

*Auf diesem alten Holzschnitt sind die Sternbilder und Einzelsterne dargestellt, wie sie, der Fantasie des Künstlers zufolge, Gott sieht: von außen und deshalb für uns seitenverkehrt. Da Latein damals die Sprache der Gelehrten war, sind die Namen der Sterne lateinisch angegeben.*
*Es bedeuten zum Beispiel: Virgo = Jungfrau, Ursa Minor = Kleiner Bär, Ursa Maior = Großer Bär, Serpentarius = Schlangenträger, Cancer = Krebs, Aquila = Adler, Leo = Löwe und Gemini = Zwillinge.*

*Die Entstehung eines Sonnensystems. Die Planeten bilden sich aus der Gas- und Staubwolke heraus.*

Himmelskörper, die nicht zu den Fixsternen gehören, da sie ihre Stellung am Himmel langsam, aber deutlich sichtbar ändern. Das sind die Planeten oder Wandelsterne. Sie tragen die Namen griechischer oder römischer Götter: Merkur, Venus, Mars, Jupiter und Saturn. Zu ihnen gehören noch die nur mit Fernrohren sichtbaren Planeten Uranus, Neptun und Pluto und schließlich auch unser Heimatplanet, die Erde.

**Was ist unser Sonnensystem?**

Diese neun Planeten laufen in riesigen Ellipsen um die Sonne und bilden zusammen mit ihr unser Sonnensystem. Aus dem Sonnensystem und Milliarden anderen Sternen besteht unsere Milchstraße, auch Galaxis genannt. Da wir uns mit der Sonne in der Sternenscheibe der Milchstraße befinden, können wir sie in klaren Nächten als breiten, matt schimmernden Gürtel am Nachthimmel sehen.

Wir wissen inzwischen viel von den Planeten und den Sternen. Wir wissen, wie groß sie sind, woraus sie bestehen und was sie wiegen, wir kennen ihre Entfernungen zur Sonne und wissen, warum sie leuchten. Und die modernen astronomischen Hilfsmittel wie Radioteleskop und Raumsonden haben es schließlich ermöglicht, dass wir sogar recht genau wissen, wie das Weltall und seine Sterne entstanden sind.

Unsere Sonne und mit ihr wohl auch die Planeten entstanden vor etwa fünf Milliarden Jahren aus Gas- und Staubteilchen, die heute noch das Weltall erfüllen. Diese kleinen Teilchen ziehen sich gegenseitig an und so hat sich mittlerweile die Hälfte des Materials an verschiedenen Stellen des Weltalls zu größeren Wolken verdichtet. Hat sich genügend Material angesammelt, erhöht sich unter dem wachsenden Druck der Schwerkraft die Temperatur des Gasballs, schließlich beginnt er zu glühen – eine Sonne ist entstanden.

Während sich Staub- und Gasteilchen zusammenfinden und sich verdichten, beginnen sie sich immer schneller und schneller um den Mittelpunkt des neuen Himmelskörpers zu drehen – genau wie eine Eiskunstläuferin, die sich bei einer Pirouette um so schneller dreht, je enger sie die Arme an den Körper heranzieht. Mit steigender Rotationsgeschwindigkeit wächst aber auch die Fliehkraft, das ist die Kraft, die vom Mittelpunkt des rotierenden Körpers nach außen wirkt. Die Fliehkraft verhindert, dass die gesamte angesammelte Materie auf die werdende Sonne stürzt – etwas bleibt in ihrer Umgebung zurück.

## Wie entstanden die Planeten?

Diese restlichen Massen bildeten nun eine sehr weit ausgedehnte Scheibe aus Gas und Staub, eine Form, die wir von den Saturnringen her kennen. Aus dieser Scheibe entstanden die Planeten. Wie das im Einzelnen geschah, ist umstritten. Wahrscheinlich bildeten die in der Scheibe vorhan-

**MONDE sind die Begleiter der Planeten. Sie entstanden zum Teil aus Materieringen um ihre Planeten, zum Teil auch in anderen Bereichen des Sonnensystems als so genannte Kleinplaneten. Diese wurden von ihren ursprünglichen Bahnen abgelenkt und von den Planeten eingefangen.**

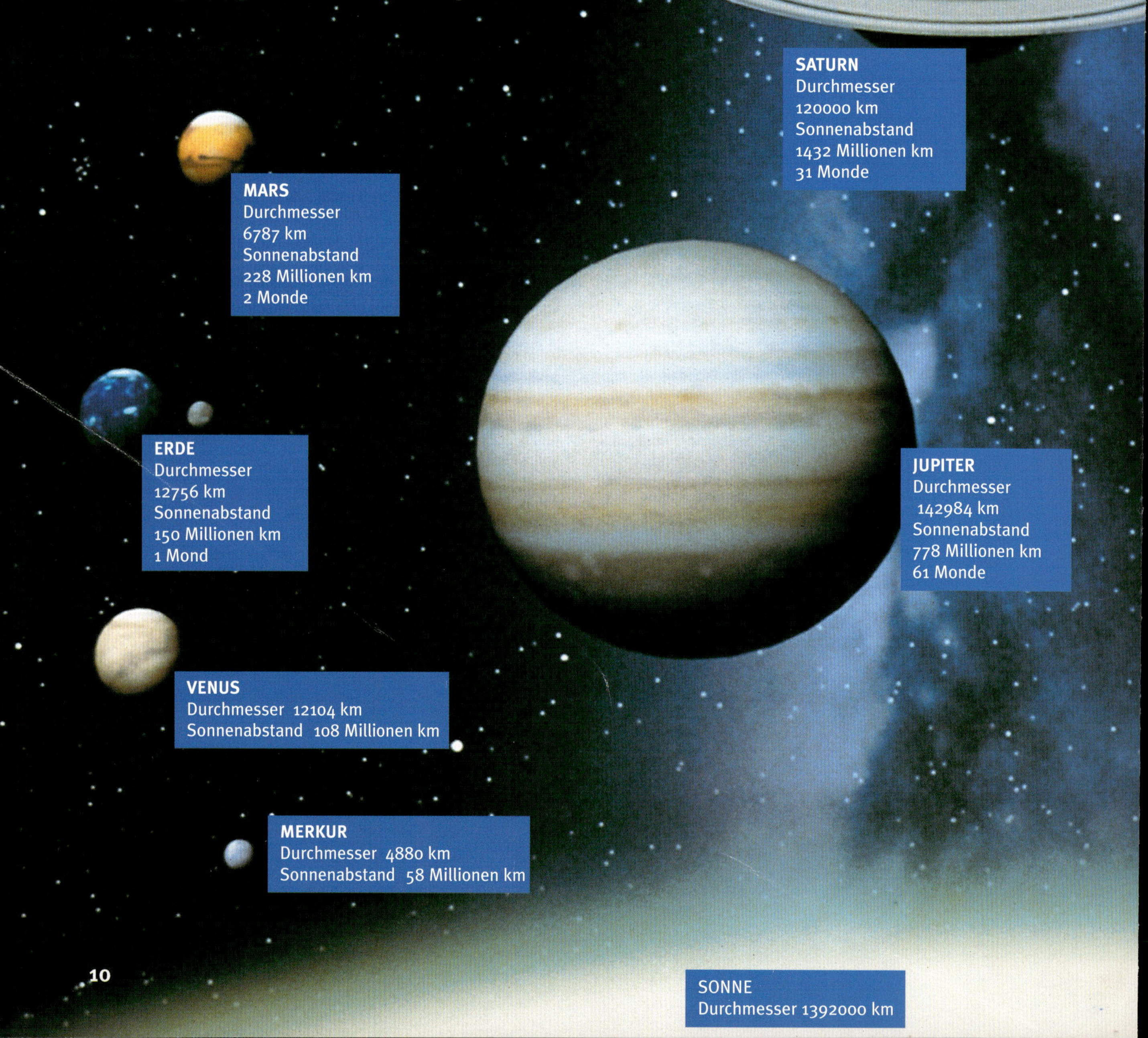

**URANUS**
Durchmesser
51200 km
Sonnenabstand
2870 Millionen km
24 Monde

denen Staubteilchen immer größere Klumpen. Je größer so ein Brocken war, um so mehr Staubteilchen und kleinere Steine konnte er anziehen. Ab einer gewissen Größe konnte so ein werdender Planet dann auch Gase festhalten und eine Atmosphäre bilden. Die große Gas- und Staubscheibe bestand zunächst zu 98 Prozent aus den einfachsten chemischen Grundstoffen Wasserstoff und Helium. Alle schwereren Elemente wie Stickstoff, Sauerstoff, Kohlenstoff, Silizium sowie die bekannten Metalle Eisen, Nickel, Kupfer und Gold mussten sich die restlichen 2 Prozent teilen.

Eine solche Zusammensetzung hat erwartungsgemäß unsere Sonne. Auch die Riesenplaneten Jupiter, Saturn, Uranus und Neptun sind große Kugeln aus Wasserstoff und Helium, die nur einen kleinen Gesteinskern aus schweren Stoffen besitzen. Die sonnennahen Planeten Merkur, Venus, Erde und Mars haben dagegen eine unerwartete Zusammensetzung, welche überhaupt nicht der Urscheibe entspricht. Sie bestehen hauptsächlich aus schweren Stoffen wie Eisen, Nickel, Sauerstoff oder Silizium. Wie ist das zu erklären?

Wahrscheinlich hatten auch diese erdähnlichen Planeten zunächst gewaltige Hüllen aus den leichten Elementen Wasserstoff und Helium, sahen also dem Jupiter ähnlich. Von der jungen, noch unfertigen Sonne gingen in der Frühzeit des Sonnensystems gewaltige „Sternwinde" aus. Das sind Ströme von kleinen Teilchen und Atomkernen, die mit großer Geschwindigkeit die Sonne verlassen. Diese Sternwinde rissen die leichten Gase mit sich in den äußeren Bereich des Sonnensystems. Wahrscheinlich wurde dabei der Erde ihre ganze erste Gashülle entrissen, so dass nur der schwere Kern übrig blieb. Ähnlich erging es den Planeten Merkur, Venus und Mars. In den äußeren Gebieten des Sonnensystems war der Sternwind nicht mehr stark genug, um die leichten Gase ganz wegzureißen.

### Chemische Elemente

**Alle Dinge und Lebewesen sind aus chemischen Grundstoffen oder Elementen aufgebaut. Zu ihnen gehören der Wasserstoff, der Sauerstoff und das Eisen. Das kleinste Wasserstoffteilchen nennt man Wasserstoffatom, das kleinste Sauerstoffteilchen Sauerstoffatom. Am Anfang, kurz nach der Entstehung des Alls, gab es fast nur die leichtesten Elemente Wasserstoff und Helium. Die schweren Grundstoffe wie Eisen bildeten sich später im Inneren von Sternen. Atome können sich zu so genannten Molekülen verbinden. Wasser besteht nicht aus Atomen, sondern aus Molekülen, die aus zwei Wasserstoffatomen und einem Sauerstoffatom aufgebaut sind.**

**NEPTUN**
Durchmesser
49500 km
Sonnenabstand
4498 Millionen km
11 Monde

**PLUTO**
Durchmesser
2300 km
Sonnenabstand
5900 Millionen km
1 Mond

*Die Planeten unseres Sonnensystems sind hier maßstabgerecht gezeichnet. Mit zunehmendem Abstand von der Sonne sind dies Merkur, Venus, Erde, Mars, Jupiter, Saturn, Uranus, Neptun und Pluto. Wollte man auch die Entfernungen maßstäblich darstellen, müsste der sonnenfernste Planet Pluto 4 km von der Sonne entfernt gezeichnet werden.*

# Die Geschwister der Erde

**Wie ist unsere Erde aufgebaut?**

Die Erde besteht hauptsächlich aus den schweren Elementen, aus Metallen und Mineralien. In ihrem Zentrum hat sie einen sehr dichten Kern aus Eisen und Nickel, umgeben von einem Mantel, dessen chemische Zusammensetzung ziemlich vielfältig ist. Außen haben wir dann die nur rund 30 Kilometer dicke Erdkruste, die in der Hauptsache aus Basalt und Granit besteht. Außerdem besitzt unsere Erde ein Weltmeer, das durchschnittlich 5500 m tief ist und mehr als 70 Prozent der Erdoberfläche bedeckt. Sie hat also als einziger sonnennaher Planet eine im wesentlichen flüssige Oberfläche. Außerdem hat sie eine recht dichte Atmosphäre, die in der Hauptsache aus Stickstoff und Sauerstoff besteht.

Die näheren Geschwister der Erde – Merkur, Venus und Mars – hatten nicht so viel Glück wie unser Planet, die Erde. Der Merkur steht der Sonne so nahe, dass seine Oberfläche auf der Sonnenseite eine Temperatur von über 430 Grad Celsius hat, auf der der eisigen Weltraumkälte ausgesetzten Nachtseite dagegen ist er –185 Grad Celsius kalt. Außerdem ist der Merkur so klein, dass seine Schwerkraft nicht ausreichte, eine Atmosphäre an sich zu binden. Bei ihm beginnt das Vakuum des Weltalls bereits an seiner Oberfläche. Diese ist rau und zerklüftet und trägt heute noch die Narben seiner Entstehung, als Brocken von Stein und Metall auf ihn stürzten. Der Planet Merkur ist eine tote, leblose Steinkugel, die eintönig um die Sonne kreist. Astronauten werden dort in absehbarer Zukunft nicht landen.

*Im großen Theater unseres Sonnensystems hat die Erde einen bevorzugten Logenplatz. Nur auf ihr kann Leben gedeihen – auf den Nachbarplaneten ist es entweder zu heiß (gelb) oder zu kalt (rot).*

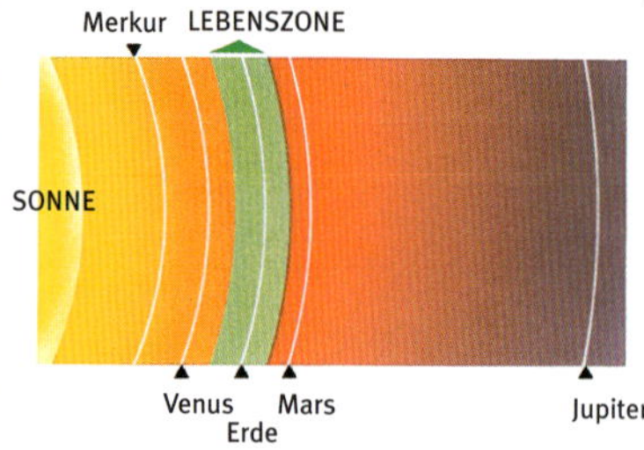


*Die Umlaufbahnen der Planeten um die Sonne haben die Form fast kreisrunder Ellipsen. Die Umlaufzeiten, also die Zeiten, in denen die Planeten die Sonne einmal umkreisen, schwanken zwischen 88 Tagen (Merkur) und 248 Jahren (Pluto).*

*Lang gezogene Bergrücken und Schluchten durchfurchen die Oberfläche der Venus. Diese Aufnahme machte die Magellan-Sonde im September 1990. Sie zeigt die Berge Gula Mons (rechts) und Sif Mons. Mit ihren Radarsensoren konnte die Magellan-Sonde die dichte Wolkendecke durchdringen, die die Venusoberfläche vor optischen Kameras verbirgt.*

**DER TREIBHAUSEFFEKT**

**Ein Planet wie Erde oder Venus wird von der Sonne bestrahlt und erwärmt. Er versucht, sich durch Aussendung von Wärmestrahlung abzukühlen. Befinden sich in der Atmosphäre so genannte Treibhausgase wie Kohlendioxid, so schlucken sie die Wärmestrahlung von der Planetenoberfläche und erwärmen sich dabei. So wird die Lufthülle wie in einem Treibhaus aufgeheizt, bei Venus bis zu 470 Grad Celsius!**

**ZIVILISATIONEN AUF MARS?**

**Vor 100 Jahren nahmen die Menschen an, dass es auf Mars intelligente Bewohner gibt, die große Kanäle bauen und hohe Bauwerke errichten. Bis vor kurzem glaubte man in einem Marsberg eine Skulptur, das „Marsgesicht", zu erkennen. Die Marskanäle waren optische Täuschungen. Auch das Marsgesicht war auf den genauen Aufnahmen, welche die Sonde Mars Global Surveyor 1996 machte, nicht mehr zu sehen.**

## Warum gibt es auf der Venus kein Leben?

Der zweite Planet von der Sonne ist die Venus. In ihrer Größe und chemischen Beschaffenheit ist sie eine echte Schwester der Erde. Sie ist nur wenig kleiner und leichter als unser Planet, hat jedoch eine ganz andere Atmosphäre. Diese besteht fast ganz aus dem Gas Kohlendioxid und ist so dicht, dass auf der Venusoberfläche ein enormer Luftdruck herrscht. Dieser ist rund neunzigmal höher als bei uns auf der Erde. Das Gas Kohlendioxid ist als „Treibhausgas" bekannt, das die Wärmestrahlung festhält: Wie in einem riesigen Gewächshaus wird die Venus durch ihre Lufthülle aufgeheizt, so dass es auf ihrer Oberfläche sehr heiß ist. Die Temperatur beträgt dort rund 470 Grad Celsius. Der Planet ist immer von dichten Wolken aus Schwefelsäure bedeckt, durch die kein Mensch hindurchblicken kann. Trotzdem wissen wir heute sehr viel von den Landschaften der Venus. Sie wurde zwischen 1978 und 1994 von Raumsonden erforscht, die mit Radargeräten bestückt waren. Insbesondere die amerikanische Sonde Magellan war sehr erfolgreich. Sie umkreiste als Satellit die Venus und tastete den Planeten streifenweise mit ihren Radarkameras ab. Die Sonde entdeckte viele Vulkane und Lavaströme.

Raumfahrer werden wohl nie auf Venus landen. Sie würden bei der hohen Temperatur und dem extremen Luftdruck nur mit sehr hohem technischen Aufwand überleben können. Sie würden die Landschaften in einem rötlichen düsteren Licht erleben.

## Warum hat Mars nur eine dünne Atmosphäre?

Unser nächster Nachbar außerhalb der Erdbahn ist der Planet Mars. In seinem Durchmesser ist er ungefähr halb so groß wie die Erde und nur ein Zehntel so schwer. Er ist gerade noch groß genug, um mit seiner Schwerkraft eine Atmosphäre an sich zu fesseln. Diese ist allerdings neunzigmal dünner als die Erdatmosphäre. Sie ist durchsichtig und so können die

Astronomen mit ihren Fernrohren auf die Oberfläche des Planeten blicken.

Amerikanische und sowjetische Forscher haben zahlreiche Instrumententräger zum Mars geschickt, die zum Teil dicht an unserem Nachbarplaneten vorbeiflogen, später aber auch auf ihm landeten. Die Nahaufnahmen zeigen erloschene Vulkane, Schluchten, von dichten Kratern übersäte Wüstenlandschaften, die sehr der Oberfläche unseres Mondes ähneln. Die Krater stammen von Einstürzen riesiger Meteoriten aus der Entstehungszeit des Planeten.

Die Weltraumkapseln, die weich auf dem Mars landeten, haben nicht nur fotografiert, sondern auch Bodenproben eingesammelt und sie vollautomatisch untersucht. Dabei kam heraus, dass der Mars völlig leblos ist. Es gibt dort nicht einmal primitivste Lebewesen wie Bakterien oder andere Einzeller. Das war eine große Enttäuschung. Wenn überhaupt, so wäre der kleinere Bruder der Erde der Einzige, auf dem Leben existieren könnte. Leben gibt es in unserem Sonnensystem also nur auf unserer Erde. Wir sind allein.

*Der Mars, wegen seiner rötlichen Färbung auch „Roter Planet" genannt, zeigt auf seiner Oberfläche ähnliche Formationen wie die Erde. Dieses Bild ist aus vielen Einzelaufnahmen zusammengesetzt, die die Viking-Sonde 1980 vom Mars machte. Moderne Bildverarbeitung hat dieses gestochen scharfe Gesamtbild geschaffen. In der Mitte erkennt man das riesige, zerklüftete Grabensystem Valles Marineris. Es ist 4000 km lang und bis zu 8 km tief.*

**Wie kalt ist es auf dem Mars?**

Die Drehachse des Mars steht ähnlich wie bei unserer Erde etwas gekippt auf der Ebene seiner Bahn. Deshalb gibt es auch auf dem Mars Jahreszeiten. Das wussten die Astronomen schon seit langem, weil sie dort vereiste Polkappen beobachteten, die im Mars-Sommer fast wegtauen, im Winter dagegen wieder größer werden. Im Gegensatz zu den dicken Eiskappen der Erde bestehen die weißen Polarkappen des Mars aus Wasser und Trockeneis, also gefrorener Kohlensäure. Auf dem Mars ist es nämlich sehr kalt: Die Höchsttemperatur auf der Tagseite beträgt +20 Grad Celsius, nachts sinkt sie auf –100 Grad.

Mars wird von zwei winzigen Monden umkreist und zwei Instrumententräger haben sie auch aus der Nähe fotografiert. Ihre Durchmesser betragen 27 bzw. 15 km.

### Leben auf Mars?

**Satellitenaufnahmen des Roten Planeten zeigen, dass es auf Mars früher große Flüsse gegeben haben muss. Er muss vor Jahrmilliarden eine dichtere Lufthülle gehabt haben als heute. Vielleicht gab es damals auch einfache Lebensformen auf Mars. Später hat er dann den größten Teil seiner Lufthülle verloren. In der dünnen Restatmosphäre konnte sich Leben nicht halten.**

**Jupiterbeobachtung**
**Schon mit einem guten Fernglas kann man bei Jupiter seine vier hellsten Monde sehen. Jeden Tag stehen sie in einer anderen Position. Ein kleines Amateurfernrohr genügt, um auf dem Planeten andeutungsweise die auf der nächsten Seite abgebildeten Wolkenstreifen zu beobachten. Die jeweilige Position von Jupiter kann man einem Sternkalender oder vielen Tageszeitungen entnehmen.**

## Was sind Planetoiden?

Zwischen der Bahn des Planeten Mars und der des nächsten Planeten, des Jupiter, gibt es eine auffallende Lücke. Darin tummeln sich rund 100 000 kleine Planeten, die so genannten Planetoiden, von denen nur drei einen Durchmesser von mehr als 500 km haben. Die meisten sind Gesteinsbrocken mit einem Durchmesser von 50 km oder darunter. Über ihre Natur kann man wenig sagen, da sie von der Erde aus nur als winzige Lichtpünktchen zu erkennen sind.

Im Oktober 1991 flog die Raumsonde Galileo nah an dem Kleinplaneten Gaspra vorbei. Aus 16 200 km Entfernung machte sie Nahaufnahmen von dem etwa 19 km langen Brocken. Seine Oberfläche zeigt Spuren zahlreicher Einschläge von kosmischen Kleinkörpern. Die Wissenschaftler haben aus ihrer Verteilung ein Alter von 300 bis 500 Millionen Jahren für Gaspra errechnet. Vorher war Gaspra vermutlich Teil eines größeren Planetoiden, von dem er bei einem Zusammenprall abgesplittert ist. So ist Gaspra ein Zeuge dafür, dass es im Planetoiden-Gürtel zuweilen zu heftigen Zusammenstößen kommen kann.

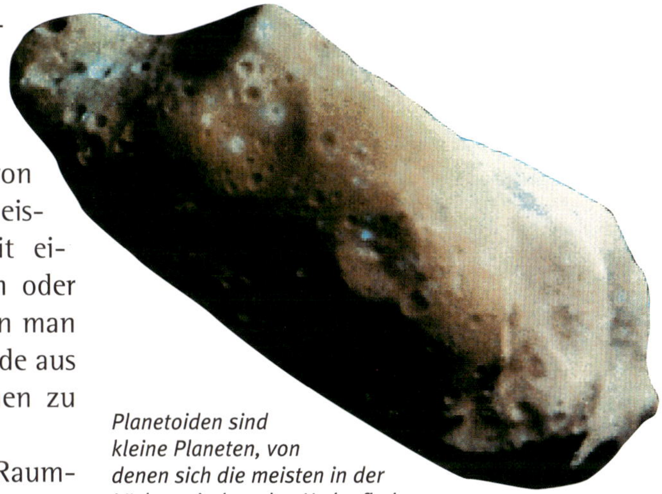

*Planetoiden sind kleine Planeten, von denen sich die meisten in der Lücke zwischen den Umlaufbahnen von Mars und Jupiter befinden. Diese Aufnahme zeigt den Planetoiden Ida, der 1991 von der Raumsonde Galileo aus der Nähe fotografiert wurde.*

*Aufnahme eines kleinen Planeten. Sie wurde mehrmals belichtet. Deutlich sieht man, wie der Planetoid bei jeder Belichtung weiter gewandert ist.*

## Welches ist der größte Planet?

Der größte Planet unseres Sonnensystems ist Jupiter. Im Durchmesser ist er elfmal größer als unsere Erde, 318-mal schwerer und dreimal schwerer als alle anderen Planeten zusammengenommen. Seiner Größe entsprechend müsste er eigentlich mehr Masse haben; daraus zog man den Schluss, dass seine äußeren Schichten aus Gas bestehen. Jupiter ist fünfmal weiter von der Sonne entfernt als unsere Erde, so dass es dort recht kalt ist. Diese Sonnenferne ist auch der Grund dafür, dass bei seiner Entstehung die leichten Gase nicht weggedampft sind.

Unser größter Planet hat 61 Monde. Die größten von ihnen wurden bereits 1610 von Galilei entdeckt, als er zum ersten Mal ein

*Mit einem Durchmesser von 142 800 km ist Jupiter der größte Planet unseres Sonnensystems. Seine Masse beträgt das 318-fache der Erde, aber nur 1/1000 der Sonne. Jupiters oberste Schicht zeigt schnell dahinjagende Wolken sowie Sturmwirbel wie den Großen Roten Fleck unten links.*

Fernrohr zum Himmel richtete. Er gab ihnen auch ihre Namen: Io, Europa, Ganymed und Kallisto. Das waren nach der alten griechischen Sage die Gespielen des Göttervaters. Mit Ausnahme von Europa sind sie größer als unser Mond, also recht stattliche Himmelskörper mit einem Durchmesser bis über 5000 km. Die anderen Jupitermonde wurden erst viel später auf Fotos oder von Raumsonden entdeckt.

**Wie viele Ringe hat der Saturn?**

Fast doppelt so weit entfernt wie Jupiter kreist Saturn um die Sonne, ebenfalls ein Riesenplanet. Im Durchmesser fast zehnmal größer als die Erde, ist er 95-mal schwerer als diese. In seinem Aufbau ähnelt er Jupiter mit seiner dichten Atmosphäre aus kalten Gasen. Saturn hat 31 Monde. Der größte, Titan, ist im Durchmesser etwa 200 km größer als der Planet Merkur. Der kleinste Saturnmond hat hingegen einen Durchmesser von 20 km. Im Jahre 2004 soll die Huygens-Sonde auf Titan landen.

*Das Ringsystem des Saturn, 1981 von Voyager 2 aus einer Entfernung von 717 000 km aufgenommen. Das Ringsystem setzt sich nicht, wie zuvor angenommen, aus drei, sondern aus etwa 1000 unterscheidbaren Einzelringen zusammen. Sie bestehen aus Gesteinsbrocken, feinstem Staub und Eisteilchen.*

Das Interessanteste am Saturn sind seine auffälligen Ringe. Sie reichen über hunderttausend Kilometer weit in den Raum und sind so unterteilt, dass man von der Erde aus deutlich drei Ringe erkennen kann. Als im Herbst 1981 das amerikanische unbemannte Weltraumschiff „Voyager 2" ganz nahe an dem Planeten vorbeiflog, gab es eine gewaltige Überraschung: Die von der Erde aus sichtbaren Ringe sind so vielfach unterteilt, dass das gesamte System aus mehr als 1000 Ringen besteht, die wie die Rillen einer Schallplatte alle in derselben Ebene liegen.

Schon seit langem wusste man, dass die Saturnringe aus Milliarden und Abermilliarden von Brocken aus Stein und Eis bestehen müssen, die alle wie winzige Monde den Planeten umkreisen. Die Größe dieser Teilchen ist sehr verschieden, die grössten unter ihnen sind vielleicht so groß wie ein Haus; dann geht es herunter über Brocken von der Größe eines Tennisballs bis zu winzigen Eiskristallen, die einen Durchmesser von einem Tausendstel Millimeter haben.

Gemessen an seinem Durchmesser, ist dieses gewaltige Ringsystem unglaublich dünn. Seine Dicke beträgt nämlich nur etwa 1 km. Denkt man sich die Saturnringe so dünn wie eine Seite dieses Buches, so beträgt der Ringdurchmesser mehrere Meter.

## Welches sind die äußeren Planeten?

Jenseits vom Saturn ziehen die äußeren Planeten Uranus, Neptun und Pluto ihre Bahnen. Diese kann man mit bloßem Auge nicht sehen. Sie wurden daher erst in der Neuzeit entdeckt – Uranus im Jahre 1781, Neptun 1846 und Pluto 1930. Auch Uranus und Neptun sind Riesenplaneten, im Durchmesser etwa viermal größer als die Erde. In ihrem Aufbau ähneln sie ihren beiden großen Brüdern Jupiter und Saturn. Uranus hat 24 Monde und Neptun 11.

Der äußerste Planet Pluto ist ein echter Außenseiter. Er ist mit Abstand der kleinste der Planeten und benötigt fast 250 Jahre, um die Sonne einmal zu umkreisen. Seit seiner Entdeckung im Jahr 1930 hat er etwas mehr als ein Viertel seiner Umlaufbahn zurückgelegt. Wegen seiner riesigen Entfernung zur Erde wissen wir nicht allzu viel über ihn.

Pluto hat einen Durchmesser von 2300 km und besitzt einen vergleichsweise riesigen Mond namens Charon, dessen Durchmesser ungefähr 1200 km beträgt.

*Neptun ist auch in großen Fernrohren nur als kleines bläuliches Scheibchen zu erkennen. Die Raumsonde Voyager 2 flog 1989 an diesem Riesenplaneten vorbei, machte diese Nahaufnahme und entdeckte sechs neue Neptunmonde und ein Ringsystem.*

**SATURNBEOBACHTUNG**

**Schon mit dem Fernglas kann man den hellsten Saturnmond Titan beobachten. Für die Ringe braucht man ein kleines Fernrohr mit mindestens 40-facher Vergrößerung. Manchmal blicken wir genau auf die Kante der Ringe. Da diese sehr dünn sind, verschwinden sie dann scheinbar für einige Zeit. Auch Uranus und Neptun kann man mit dem Fernglas beobachten, wenn man ihre Position kennt.**

*Der Komet Hale-Bopp mit Staub- und Gasschweif am Morgen des 11.3.1997.*

# Kometen, Meteore und Sternschnuppen

**Was ist ein Komet?**

Außer den großen und den kleinen Planeten gibt es noch weitere Himmelskörper in unserem Sonnensystem. Da sind zunächst die Kometen, die auch Schweifsterne genannt werden. Kometen sind sehr kleine, lose Ansammlungen von Gesteins- und Eismassen, die mit Gas vermischt sind. Auch die Kometen bewegen sich nach den Keplerschen Gesetzen in Ellipsenbahnen. Diese Bahnen sind meist sehr lang gestreckt, so dass ihre sonnenfernsten Punkte weit über die Bahn des äußersten Planeten Pluto hinausreichen. In diesen sonnenentrückten Gegenden unseres Planetensystems haben wir einen Vorrat von Milliarden von Kometen, von denen im Schnitt etwa alle paar Jahre einer bei uns auftaucht. Wenn Kometen aus den Tiefen des Alls auf die Sonne zuzustürzen scheinen, kann man sie mit bloßem Auge sehen. Allerdings fallen sie nicht auf die Sonne, sondern fliegen auf ihrer Ellipsenbahn um die Sonne herum. In Sonnennähe fängt die immer stärker werdende Sonnenstrahlung an, die lockeren Massen im Kometenkopf aufzuheizen und zu verdampfen. Dabei drückt die Sonnenstrahlung auf die Gase und Staubteilchen, so dass sie weggeblasen werden. Da-

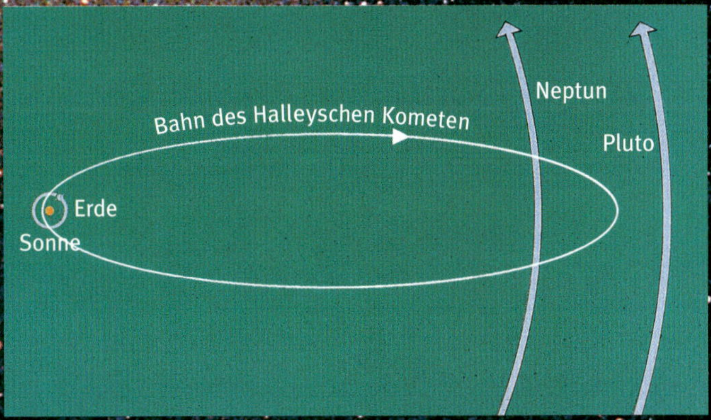


*Die Umlaufbahn des Halleyschen Kometen. Die Zahl der Kometen in unserem Sonnensystem wird auf mindestens 100 Milliarden geschätzt.*

**Der Stern von Bethlehem, der die Weisen aus dem Morgenland geführt hat, war wahrscheinlich kein Komet. Nach Ansicht vieler Wissenschaftler handelte es sich um ein auffälliges Planetentreffen,**

*Flugblatt aus dem Jahr 1492, als bei Ensisheim (Elsass) ein 127 kg schwerer Meteorit auf die Erde stürzte.*

**KOMET HALE-BOPP**

**Der Jahrhundertkomet war im Frühjahr 1997 mit dem bloßen Auge selbst in der Großstadt zu sehen. Sein Kern war mit rund 50 km Durchmesser außergewöhnlich groß. Er enthielt viel Gas und Staub, die in Sonnennähe entweichen und einen herrlichen Schweif bilden konnten. Der Komet wird erst in 2400 Jahren wiederkehren, da er eine sehr lang gestreckte Bahn hat.**

durch entsteht der schwach leuchtende Kometenschweif, der während der ganzen Umrundung des Kometen um die Sonne immer von ihr weggerichtet ist.

Die meisten Kometen erscheinen nur einmal und verschwinden dann auf Nimmerwiedersehen in den äußersten Bereichen des Planetensystems, von wo sie kamen. Allerdings gibt es einige Ausnahmen, die man „periodische" Kometen nennt. Zu ihnen zählt der Komet Halley.

### Wann kommt der Halleysche Komet wieder?

Die Bahn eines solchen „periodischen" Kometen reicht nicht so weit in das Weltall hinaus, so dass er an seinem äußersten Punkt umkehrt und wieder zur Sonne zurückfällt. Der berühmteste kurzperiodische Komet ist nach dem englischen Astronomen Edmund Halley benannt, der ihn 1682 beobachtet hat. Halley hat seine Bahn

*Mit einem 15 Millionen km langen Schweif flog im Jahr 1986 der Halleysche Komet zwischen Sonne und Erde hindurch. Da er für einen Umlauf 76 Jahre braucht, rechnen Astronomen für 2062 mit der nächsten Wiederkehr.*

berechnet und vorausgesagt, dass er in den Jahren 1758, 1834, 1910 – also alle 76 Jahre – wiederkehren würde. Zuletzt durchquerte die Erde den Halleyschen Kometenschweif im März 1986, knapp einen Monat vor dem Erreichen seines erdnächsten Punktes. Unbemannte Raumsonden aus der ehemaligen UdSSR, Europa und Japan flogen an ihm vorbei und funkten Messdaten des Schweifsterns zur Erde. Die erfolgreiche europäische Sonde „Giotto" näherte sich ihm bis auf 550 km.

Kometenschweife tun der Erde nichts. Etwas anders wäre es, wenn ein Kometenkopf die Erde träfe. Glücklicherweise jedoch sind die Kometen so selten und ist der Weltraum so riesengroß, dass wir davor keine Angst zu haben brauchen.

Trotzdem gibt es gelegentlich Zusammenstöße von Himmelskörpern mit der Erde. Die Zwischenräume sind nämlich nicht völlig leer, sondern – allerdings in sehr dünner Verteilung – mit kleinen oder größeren Brocken aus Gestein und Metall erfüllt. Wenn einer dieser Körper, ein Meteorit, mit der Erde zusammenstößt, sehen wir eine Sternschnuppe.

*Meteorit, niedergegangen 1930 in Bayern. Aufgeschnitten zeigt er eine für Meteoriten typische kristalline Struktur, deren Ursache noch nicht bekannt ist.*

Die Geschwindigkeit, mit der diese kleinen Bröckchen in die Erdatmosphäre stürzen, ist sehr groß: bis zu 70 Kilometer pro Sekunde. Dabei erhitzen sie sich ähnlich wie der Schutzschild eines Weltraumschiffes, das zur Erde zurückkehrt.

## Was ist ein Meteorit?

Da die meisten Meteoriten nicht größer sind als ein Sandkorn, verglühen sie völlig in der Atmosphäre und wir sehen nur ganz kurz einen feinen leuchtenden Strich. Sehr viel seltener sind Brocken, die so groß sind wie eine

*Der Cañon Diablo in Arizona (USA) entstand, als vor über 25000 Jahren ein 10 Millionen Tonnen schwerer Meteorit einschlug und einen 174 m tiefen und 1295 m breiten Krater hinterließ.*

## So entsteht ein Meteoritenkrater

*Ein Meteorit stürzt auf die Erde, in der Atmosphäre glüht er auf.*

*Beim Aufprall auf die Erdkruste zertrümmert er die obere Gesteinsschicht.*

*Der Meteorit verdampft sekundenschnell. Das verursacht eine heftige Explosion.*

*Die Explosion reißt einen tiefen und kreisrunden Krater in den Boden.*

Faust oder wie ein Schulranzen. Wenn sie herabstürzen, ist eine sehr auffallende, blendend helle Leuchterscheinung, eine „Feuerkugel", zu sehen; diese Brocken verdampfen nicht ganz und können auf die Erde aufschlagen. Dann haben wir einen Meteoriten, einen Sendboten aus dem Weltall, den wir untersuchen können. Die meisten Meteoriten sind aus Stein; einige sind aus einer Eisen-Nickel-Legierung.

Ganz selten kommt es vor, dass ein Riesenmeteorit von der Größe eines Hauses oder gar eines Wolkenkratzers aufschlägt. Glücklicherweise ereignen sich solche Katastrophen höchstens einige Male in ein paar Millionen Jahren. In Arizona (USA) schlug vor mehr als 25 000 Jahren ein etwa 10 Millionen Tonnen schwerer und 150 m großer Meteorit einen 1295 m breiten und 174 m tiefen Krater. Ein anderer Riesenmeteorit ging am 30. Juni 1908 in Sibirien nieder. Er wurde von Reisenden der Transsibirischen Eisenbahn beobachtet. Im Umkreis von 40 km mähte der Luftdruck alle Bäume nieder, die Druckwelle wurde noch in Großbritannien festgestellt.

In Deutschland befindet sich ein riesiger Meteoritenkrater nördlich von Ulm. Das ist das berühmte Nördlinger Ries. Dieser Meteorit hat bei seiner Explosion einen Ringwall mit einem Durchmesser von mehr als 25 Kilometern aufgeworfen. Das war vor fast 15 Millionen Jahren, so dass die Kraterwände heute stark verwittert und eingeebnet sind.

Würde so etwas heute passieren, würde das die Zerstörung der Städte Stuttgart, Ulm und Nürnberg bedeuten. Durch den vom Meteoriten verursachten Überschallknall würden in ganz Mitteleuropa die Fensterscheiben zersplittern.

# Die Sonne – Gaskugel mit Atomofen

**Woraus besteht die Sonne?**

Um die Beschaffenheit eines so riesigen Sternes wie unserer Sonne zu verstehen, muss man sich eine ungeheuer große kugelförmige Masse von Gas vorstellen, die sich an einer bestimmten Stelle des Weltalls angesammelt hat. Sie besteht zu 72 Prozent aus Wasserstoff, der Rest ist vor allem Helium. Diese Gase sind zwar sehr leicht. Wenn man aber bedenkt, dass die Sonne so riesig ist, dass sie ebenso viel wie 333 000 Erdkugeln wiegt, kann man sich vorstellen, welch gewaltige Gasmenge dort konzentriert ist.

Da jedes Atom von jedem angezogen wird, möchte sich diese ungeheure Masse im Mittelpunkt der Sonne sammeln, das heißt, die äußeren Gasteilchen streben mit unvorstellbarem Druck nach innen. Dennoch bleibt die Sonne in ihrer Form konstant. Was hindert nun die Gasteilchen daran, sich noch dichter zusammenzudrängen?

Betrachten wir einmal die äußerste Gashaut der Sonne, eine dünne Schale, nur etwa 100 Kilometer dick. Rund um die Sonne drückt diese Gasschale mit einem enormen Gewicht auf die Schichten darunter; es muss also eine große Kraft geben, die diesem Druck nach innen die Waage hält.

Wie wir wissen, hat heißes Gas das Bestreben, sich auszudehnen – je heißer es ist, desto mehr. Die Astrophysiker, also jene Wissenschaftler, die sich mit den physikalischen Eigenschaften der Himmelskörper befassen, gingen nun davon aus, dass die nächstinnere unter der äußersten Gasschale der Sonne heißer ist als diese – und zwar gerade so viel heißer, dass sie den Druck der äußeren Schale auffangen kann. Aber auch diese zweite Schale hat ihr Gewicht, das wiederum auf die drittinnnere drückt. Diese dritte muss also wiederum ein gutes Stück heißer sein als die zweite – und so geht es schichtweise weiter in Richtung Zentrum, bis man schließlich – wenigstens in der Berechnung – das Innere der Sonne erreicht hat.

Die Temperatur der äußersten Haut der Sonne können wir messen: Sie beträgt 5 900 Grad. Von dieser Temperatur ausgehend haben sich die Astrophysiker bis in das Zentrum unseres Muttergestirns hineingerechnet: dort sind die Gase etwa 15 000 000 Grad heiß.

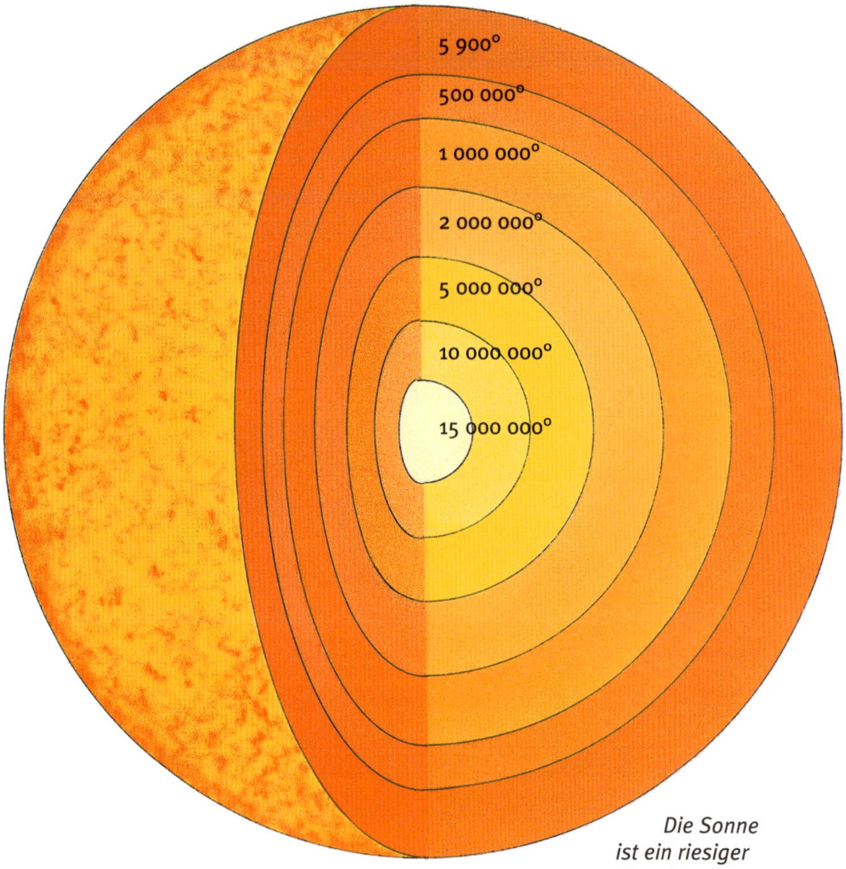


*Die Sonne ist ein riesiger Atommeiler, dessen Temperatur von außen nach innen von 5900 auf etwa 15 Millionen Grad ansteigt. Erst bei diesen hohen Temperaturen wird die Kernverschmelzung möglich, ohne deren Energieausstoß die Erde ein lebloser, dunkler Himmelskörper wäre.*

**Blick ins Sonneninnere**

**In das heiße Sonnenzentrum können wir nicht hineinschauen. Es gibt jedoch kleine Teilchen, die Neutrinos, welche im Kern der Sonne entstehen und die Erde erreichen, nachdem sie den riesigen Sonnenkörper passiert haben. Diese Neutrinos werden aufgefangen und untersucht. Auch erdbebenähnliche Schwingungen der Sonne lassen auf ihr Innenleben schließen.**

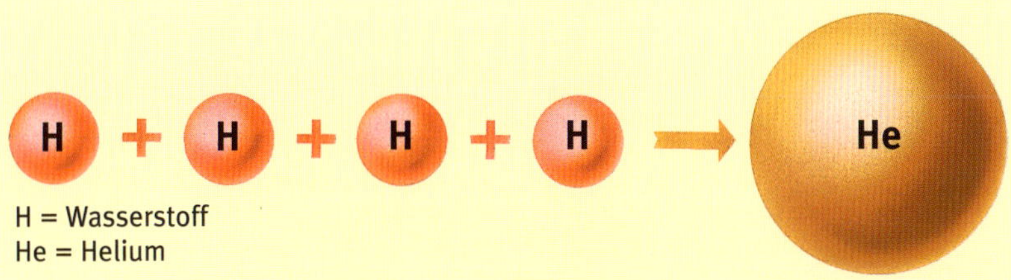


*Bei der Kernfusion im Innern der Sonne wird über einige Zwischenstufen aus Wasserstoff Helium aufgebaut (sehr vereinfacht dargestellt). Dabei werden ungeheure Energiemengen frei, die als Licht oder in anderer Form in den Weltraum abgestrahlt werden.*

**DIE SONNENENERGIE**

**Der große Physiker Albert Einstein (1879-1955) hat uns gezeigt, warum die Sonne viele Milliarden Jahre lang leuchten kann. Sie gewinnt ihre unvorstellbaren Energiemengen, indem sie Masse in Energie umwandelt. Wie im Text erklärt, verschmelzen vier Wasserstoffatomkerne zu einem Heliumkern. Dieser hat etwas weniger Masse als seine Bausteine. Es geht also Masse verloren. Diese wird nach der berühmten Einsteinschen Formel $E= mc^2$ in Energie umgewandelt. (E = Energie, m = Masse, c = Lichtgeschwindigkeit). In jeder Sekunde verbraucht die Sonne 564 Millionen Tonnen Wasserstoff und macht daraus 560 Millionen Tonnen Helium. Die restlichen 4 Millionen Tonnen werden in die Sonnenenergie umgewandelt. Obwohl die Sonne also pro Sekunde 4 Millionen Tonnen verliert, kann sie 10 Milliarden Jahre lang leuchten.**

## Warum kühlt sich die Sonne nicht ab?

Nun wissen wir, dass die Sonne sowohl in ihrem Umfang als auch in ihrer Wärmestrahlung während der letzten fünf Milliarden Jahre recht stabil gewesen ist. Daraus ergibt sich als nächstes die Frage, wie sie es fertig bringt, über diese gewaltige Zeit hinweg ihre Kerntemperatur auf den erforderlichen 15 Millionen Grad zu halten. So etwas geht nur, wenn die Sonne in ihrem Inneren einen gewaltigen Ofen besitzt, der laufend Energie erzeugt. Diese Energie läuft dann durch ihren ganzen Körper hindurch und wird von ihrer riesigen Oberfläche mit rund 5900 Grad in das Weltall abgestrahlt.

Die Astronomen haben lange Zeit nicht verstanden, was die Quelle dieser ungeheuren Energie ist. Erst in unserem Jahrhundert haben ihnen die Atomphysiker das erläutert und erst seit etwa sieben Jahrzehnten wissen wir, weshalb die Sonne und die Sterne überhaupt leuchten. Bei den riesigen Temperaturen im Sonnenzentrum nämlich werden die Kerne von Wasserstoffatomen – aus denen die Sonne zu 72 Prozent besteht – veranlasst, miteinander zu verschmelzen. Dabei wird der Wasserstoff in Helium umgewandelt und riesige Mengen von Energie werden freigesetzt.

Den Menschen ist es inzwischen ebenfalls gelungen, die Energie, die im Wasserstoff steckt, freizusetzen – vorläufig allerdings nur in Form der Wasserstoffbombe. Als Zünder dieser furchtbaren Vernichtungswaffe dient eine normale Atombombe, bei deren Explosion für eine tausendstel Sekunde jene ungeheure Temperatur erzeugt wird, die nötig ist, um die Kernfusion des Wasserstoffs in Gang zu setzen. An der friedlichen, also kontrollierten Fusion (Verschmelzung) der Wasserstoffkerne, wie sie in der Sonne abläuft, wird in den Laboratorien vieler Physiker in aller Welt seit längerem gearbeitet. Gelingt es, die Fusion zu „bändigen“, wäre damit eine Energiequelle erschlossen, die uns vieler Sorgen um genügend Energie enthöbe.

Die einzige friedliche Kernfusion, die wir kennen, ist also vorläufig nur die der Sonne – eine große Erfindung der Natur. Wenn die so erzeugte Energie vom Mittelpunkt der Sonne bis an ihre Außenfläche gedrungen ist, wird sie bei einer Temperatur von etwa 5900 Grad als Licht und Wärme in den Weltraum abgestrahlt. Glücklicherweise sind wir 150 Millionen Kilometer von diesem ungeheuren Ofen entfernt. So kann uns ein kleiner Teil der Sonnenenergie als milder Sonnenschein bestrahlen, unseren Planeten erwärmen und das Leben auf ihm möglich machen.

## Wie lange noch leuchtet die Sonne?

Und wir brauchen nicht zu befürchten, dass dieser riesige Ofen eines nahen Tages erlischt. Das Brennmaterial, eben der Wasserstoff, ist in der Sonne in so ungeheuren Mengen enthalten, dass sie nach wissenschaftlichen Schätzungen noch weitere 5 Milliarden Jahre brennen wird. Fünf Milliarden Jahre – dass es dann noch Menschen auf unserer Erde gibt, ist mehr als unwahrscheinlich.

*Am 1. November 1952 wurde auf Eniwetok, einer Koralleninsel in der Südsee, die erste Wasserstoffbombe der Welt gezündet. Die ungeheure Vernichtungskraft dieser Bombe beruht auf demselben Kernprozess, der die Sonne mit Energie speist. Sollte es gelingen, die Fusion zu „bändigen", also langsam ablaufen zu lassen, wäre damit eine praktisch unerschöpfbare Energiequelle erschlossen.*

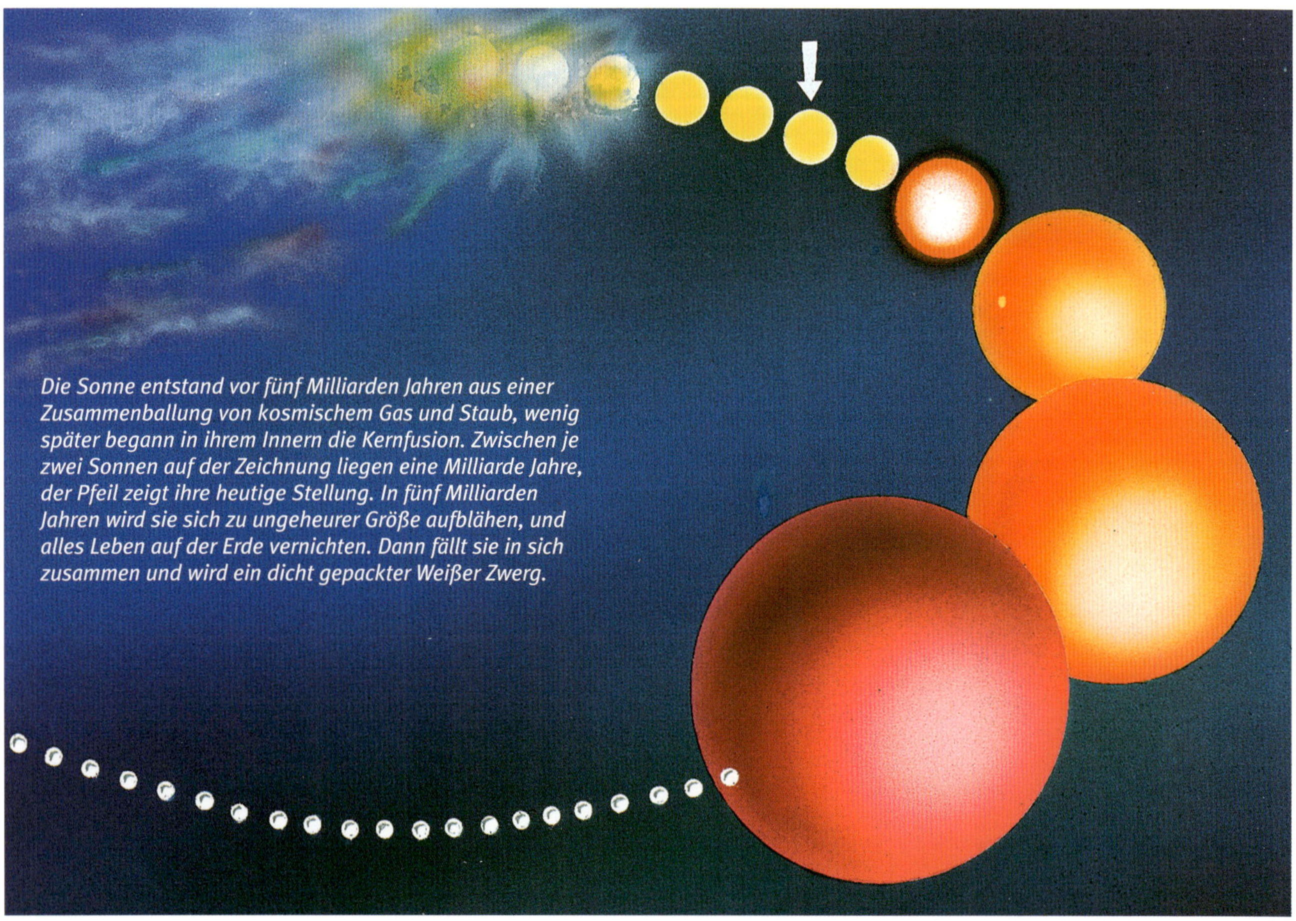

*Die Sonne entstand vor fünf Milliarden Jahren aus einer Zusammenballung von kosmischem Gas und Staub, wenig später begann in ihrem Innern die Kernfusion. Zwischen je zwei Sonnen auf der Zeichnung liegen eine Milliarde Jahre, der Pfeil zeigt ihre heutige Stellung. In fünf Milliarden Jahren wird sie sich zu ungeheurer Größe aufblähen, und alles Leben auf der Erde vernichten. Dann fällt sie in sich zusammen und wird ein dicht gepackter Weißer Zwerg.*

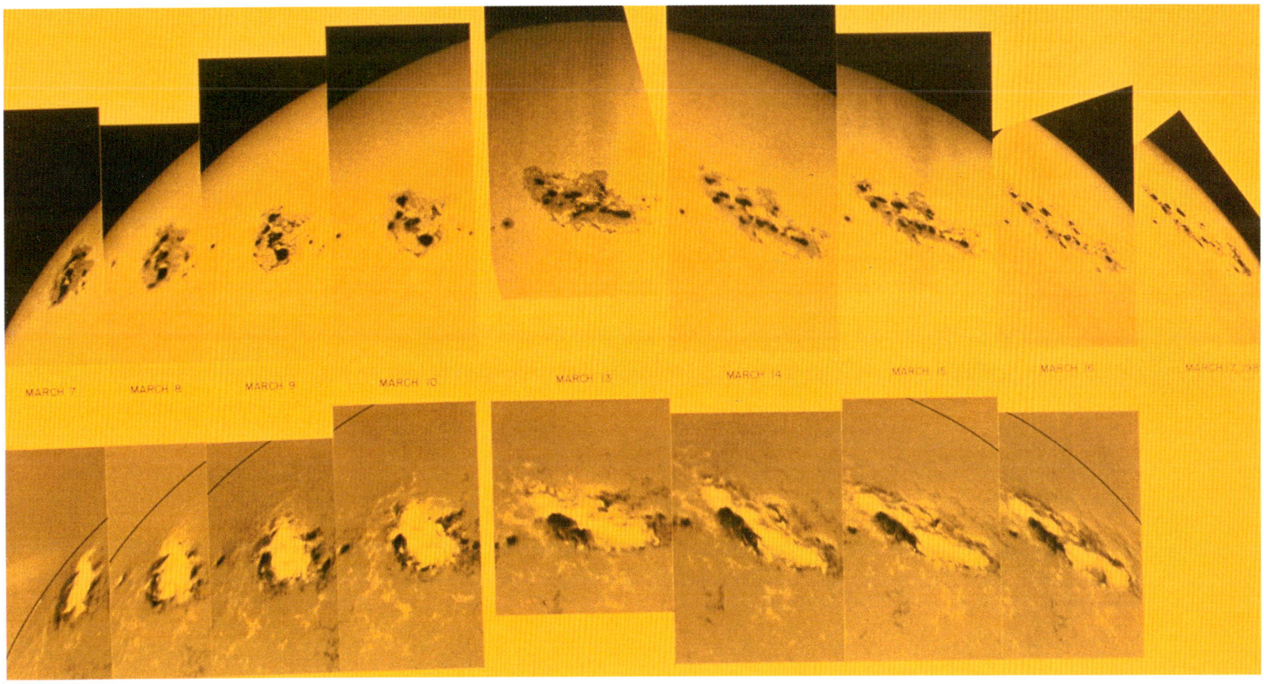

*Sonnenfleckenzonen unseres Muttergestirns, aufgenommen an neun aufeinander folgenden Tagen. Man sieht, dass die Flecken sich von Tag zu Tag nach rechts verschieben; sie nehmen an der Rotation der Sonne teil, die sich in 25 Tagen einmal um ihre (in diesen Bildern senkrecht liegende) Achse dreht.*

# Sonne und Erde

## Was sind Sonnenflecken?

Die vielleicht auffälligste Erscheinung auf der Sonnenoberfläche sind die seit fast 400 Jahren bekannten Sonnenflecken. Das sind ausgedehnte, scheinbar schwarze und oft unregelmäßige Gebiete der Sonne. Früher glaubte man, dass sie riesige Schlackenfelder seien und man nahm sie als Hinweis darauf, dass die Sonne bald erkaltet. Heute wissen wir, dass die Sonnenflecken etwas kühlere Gebiete auf der Sonne sind, in denen der Energietransport von innen behindert wird. Die Temperatur innerhalb eines Sonnenfleckens beträgt nur 4500 Grad. Dieser Temperaturunterschied genügt bereits, um sie gegen die heißere Sonnenoberfläche pechschwarz erscheinen zu lasssen. Könnte man einen Sonnenflecken aus der Sonne herausreißen und an den Nachthimmel versetzen, so wäre er noch einige hundert Male heller als der Vollmond.

**Vorsicht!**

**Man darf nie ohne Schutzfilter mit dem bloßen Auge und schon gar nicht mit dem Fernglas oder Fernrohr in die Sonne blicken. Schwerste Augenschäden und Verbrennungen wären die Folge! Will man Sonnenflecken beobachten, projiziert man das Sonnenbild am besten durch ein Fernrohr auf eine weiße Fläche.**

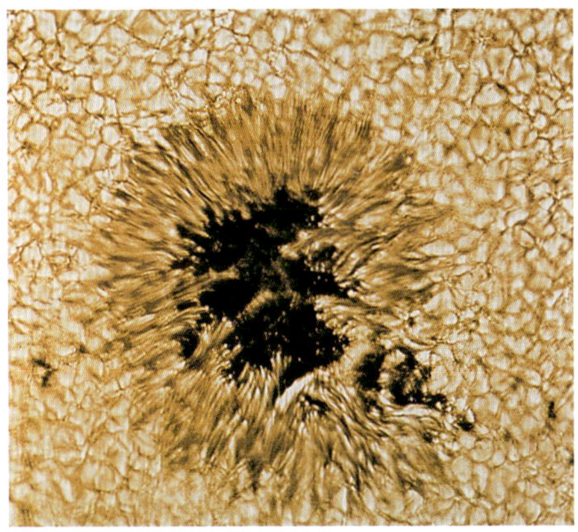

*Sonnenfleck mit dunklem Kern.*

Die Sonnenflecken treten oft als Paare auf oder in größeren Gruppen, wobei die größten von ihnen im Durchmesser über 20-mal so groß sind wie die Erde. An den Flecken können wir ablesen, dass sich die Sonne einmal in 25 Tagen um ihre Achse dreht. Allerdings haben die Astronomen noch keine ganz genauen Vorstellungen davon, wie die Sonnenflecken entstehen und weshalb sie im Rhythmus von 11 Jahren besonders zahlreich sind, also ein „Sonnenfleckenmaximum" haben.

Die Sonnenflecken sind eine recht auffallende Erscheinung und wurden vielfach für allerlei Unheil auf unserer Erde verantwortlich gemacht. Besonders wurde immer wieder behauptet, dass sie unser Wetter beeinflussen. Alle Versuche, irdische Erscheinungen an den Rhythmus der Sonnenflecken zu koppeln, sind gescheitert.

**Beeinflussen Sonnenflecken unser Wetter?**

Es gibt aber andere Erscheinungen auf der Sonne, die unsere Erde, und zwar besonders die hohen Schichten der Atmosphäre, tatsächlich stark beeinflussen. In der Sonnenphysik kennt man einen besonderen Trick, die Bewegungen großer Gasmengen auf der gleichmäßig leuchtenden Sonnenoberfläche sichtbar zu machen. Die heißen Sonnengase bestehen ja aus verschiedenen chemischen Elementen, die alle ein typisches Licht mit einer bestimmten Wellenlänge, also Licht einer bestimmten Farbe ausstrahlen. Man benutzt nun besondere Filter und fotografiert die Sonne z. B. nur in dem roten Licht des Elements Wasserstoff oder in dem violetten Licht des Elements Kalzium. Solche Bilder zeigen dann breite Wolken auf der Sonne, in denen diese Gase besonders stark strahlen.

Mit diesem Trick entdeckt man öfter besonders heiße Stellen von Gasen, die beinahe wie bei einem Vulkanausbruch aus den tiefen, noch heißeren Schichten der Sonne emporschießen. Diese so genannten Sonnenausbrüche oder „Flares“ schleudern große Massen elektrisch geladener Teilchen in den Weltraum.

**Was sind Nordlichter?**

Wenn die elektrisch geladenen Teilchen die Erde erreichen, werden sie in den Kraftlinien des Erdmagnetfeldes wie in einem Käfig gefangen. Von diesen Kraftlinien werden sie auf die Erdpole hingelenkt und stürzen mit großer Geschwindigkeit in die Erdatmosphäre. Dort erzeugen sie dann das geisterhafte Glimmen der Nordlichter.

Dabei stören sie das Magnetfeld und die elektrisch geladene Schicht der hohen Atmosphäre. Dadurch entstehen oft stundenlang weltweite Funkstörungen im Bereich der Lang- und Mittelwellen. Da wir die Sonne laufend überwachen, entgeht

**Spektralanalyse**

**Durch ein Glasprisma kann man das Licht der Sonne in ein langes Band der Regenbogenfarben auffächern. In diesem Spektrum, das hier in mehrere Streifen zerschnitten wurde, sieht man Tausende von dunklen Linien, aus denen man ablesen kann, in welchen Mengen die Stoffe, zum Beispiel Wasserstoff, Helium, Natrium oder Eisen, auf der Sonne vorhanden sind. Mit dieser Methode lassen sich auch die Sterne im Universum analysieren.**

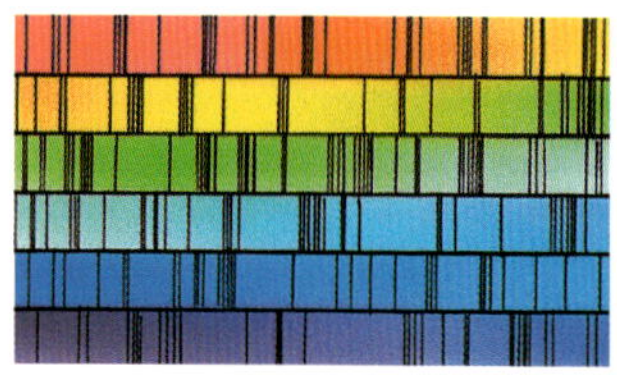

*Zur Beobachtung der Sonne haben die Astronomen besondere Teleskope gebaut, bei denen die Sonnenstrahlung durch bewegliche Spiegel auf der Spitze eines Turmes eingefangen wird. Bei diesem Turmteleskop auf dem Kitt Peak in den USA läuft die Sonnenstrahlung durch den schrägen Schacht 150 m weit bis in einen unterirdischen Beobachtungsraum, wo das 70 cm groß projizierte Sonnenbild oder das auf viele Meter auseinander gezogene Spektrum untersucht wird.*

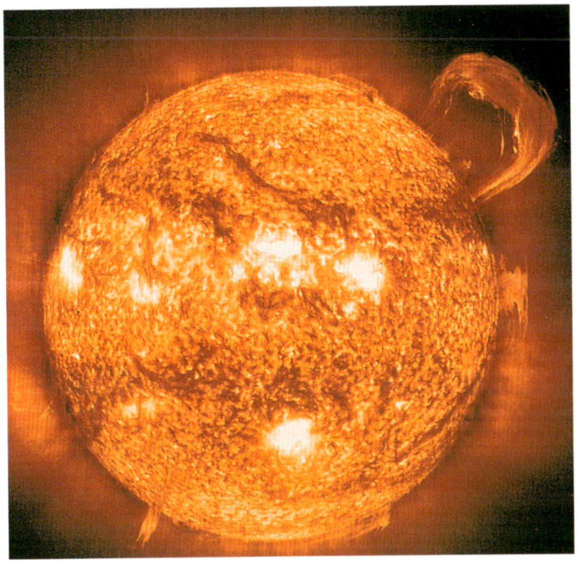

*450 000 km stieg diese Protuberanz hoch, bevor sie wenig später wieder zur Sonne zurückfiel. Protuberanzen sind Ausbrüche leuchtender Gase, die bis 25 000 Grad heiß sein können und vor allem aus Wasserstoff und Helium bestehen.*

*Die Sonne strahlt elektrisch geladene Teilchen ab. Wenn diese in den Polargebieten der Erde mit Sauerstoff- oder Stickstoffatomen der Lufthülle zusammenstoßen, leuchten sie als Polarlicht auf.*

**POLARLICHTER oder Nordlichter sind auch in Mitteleuropa zu beobachten. Besonders in Norddeutschland sieht man sie ein- bis zweimal pro Jahr. Auch in Kanada und im Norden der USA sind sie zu sehen.**

**DAS OZONLOCH ist keine Erfindung eifriger Umweltschützer, sondern eine große Gefahr für das irdische Leben. Durch bestimmte Chemikalien, welche die Menschen freisetzen, wird die Ozonschicht, die uns vor gefährlichen, ultravioletten Strahlen schützt, mehr oder weniger zerstört. Ozon ist eine Form des Sauerstoffs, bei der drei Sauerstoffatome ein Molekül bilden. Es kann die gefährliche Ultraviolettstrahlung verschlucken.**

uns kaum ein größerer Sonnenausbruch, so dass man Nordlichter und Funkstörungen ganz gut voraussagen kann.

Eine andere, besonders eindrucksvolle Erscheinung auf der Sonnenoberfläche sind die so genannten Protuberanzen. Das sind riesige flammenartige Gebilde aus Wasserstoff, die weit über den Sonnenrand hinausragen und vielfach riesige Bögen bilden, so hoch wie der Durchmesser der ganzen Sonnenscheibe. Sie bewegen sich mit riesigen Geschwindigkeiten und brechen oft nach wenigen Stunden wieder zusammen. Teile von ihnen werden dabei von der Sonne weg in das Weltall hinausgeblasen.

Aber auch sonst dampft die ganze Oberfläche der Sonne dauernd Gasteilchen ab. Diese ständig nach allen Seiten wegströmenden Gasteilchen nennt man den Sonnenwind. Er lässt die Kometenschweife leuchten und beeinflusst laufend mehr oder minder das Magnetfeld der Erde. Auch dadurch entstehen weltweite Funkstörungen.

### Woher kommt die ultraviolette Strahlung?

Bei den großen Ausbrüchen schüttet die Sonne auch besonders starke Mengen von unsichtbarer ultravioletter Strahlung aus. Glücklicherweise bleiben diese Strahlengüsse zum größten Teil in der Ozonschicht unserer Erdatmosphäre hängen; ohne diesen Schutz würden wir dauernd an starkem Sonnenbrand leiden. Die Sonnenforscher haben festgestellt, dass Anzahl und Stärke der Protuberanzen, der Sonnenausbrüche und der Ultraviolettstrahlungen mit der Häufigkeit der Sonnenflecken schwanken. Deshalb sprechen wir heute nicht mehr von der Periode der Sonnenflecken, sondern von der Periode der „Sonnenaktivität".

Mit der sichtbaren Sonnenoberfläche endet die Sonne noch nicht. Sie besitzt noch eine sehr heiße, unvorstellbar dünne Atmosphäre. Sie heißt Sonnenkorona und wird für das bloße Auge nur bei einer totalen Sonnenfinsternis sichtbar.

*Im Juli 1971 landeten drei Amerikaner auf dem Mond. Es war die vierte Landung auf unserem Trabanten. Das Foto zeigt den Astronauten James B. Irwin, der neben der US-Flagge salutiert. Vor der Landefähre sieht man das Mondauto.*

# Unser Nachbar Mond

**Wie entsteht eine totale Sonnenfinsternis?**

Der Mond ist unter allen Himmelskörpern des Sonnensystems der, den wir am besten kennen. Nicht nur, weil er uns mit einer Entfernung von nur 384 300 km am nächsten steht; das ist kosmisch gesehen direkt vor der Haustür. In diesen Abstand passen nur 30 Erdkugeln. Nein, wir sind auch schon mehrmals auf ihm gelandet, zum ersten Mal am 20. Juli 1969. Von dieser Reise brachten die Astronauten insgesamt 22 Kilogramm Mondgestein mit, die wir im Labor in aller Ruhe untersuchen konnten.

Unser Mond hat einen Durchmesser von 3476 km; er ist also ein bisschen größer als ein Viertel der Erde. Allerdings ist er 81-mal leichter, da er im Gegensatz zur Erde keinen großen Metallkern besitzt.

Die Sonne ist 400-mal größer als der Mond – und zufällig auch 400-mal weiter entfernt. Aus diesem Grund erscheinen die Scheiben der Sonne und des Mondes am irdischen Himmel fast genau gleich groß. So ist es möglich, dass die Mondscheibe die Sonnenscheibe bei einer der seltenen totalen Sonnenfinsternisse völlig bedeckt wie zwei aufeinander gelegte Münzen. Dann können wir die silbrige, zart leuchtende Korona der Sonne erkennen, weil die eigentliche grelle Sonnenscheibe nicht sichtbar ist. Eine totale Sonnenfinsternis gehört zu den schönsten Naturschauspielen, die es gibt. Für wenige Minuten wird es nachtdunkel

**ASTRONAUTEN AUF DEM MOND** müssen einen Raumanzug tragen. Er schützt vor gefährlichen Strahlen und kleinen Meteoriten. Auch muss der Raumfahrer den für die Atmung erforderlichen Sauerstoff mitführen und sich einen künstlichen Luftdruck schaffen, da der Mond keine Atmosphäre hat. Der schwere Raumanzug wird als leicht empfunden, da man auf dem Mond nur ein Sechstel des irdischen Gewichts hat.

**MONDBEOBACHTUNG**
Schon mit kleinen Fernrohren erkennt man hunderte von Kratern, aber auch Bergrücken und Täler auf dem Mond.

Am besten kann man den Mond etwa bei Halbmond beobachten. An der Grenze zwischen Hell und Dunkel sieht man seine Landschaften besonders gut.

und man kann die helleren Sterne erkennen. Leider sind diese Ereignisse sehr selten: Für einen bestimmten Ort auf der Erde ereignet sich eine totale Sonnenfinsternis nur etwa alle 350 Jahre. In Deutschland hat es zuletzt am 11. August 1999 eine totale Sonnenfinsternis längs der Städte Karlsruhe, Stuttgart, Ulm, München gegeben.

Bei Vollmond, wenn sich Mond und Sonne genau gegenüberstehen, kann es passieren, dass unser Trabant durch den Schatten läuft, den die Erde in den Weltraum wirft. Dann haben wir eine Mondfinsternis. Für die ein bis zwei Stunden, die der Mond nun im erdschattigen Dunkel liegt, sinkt die Temperatur von +130 auf -50 Grad ab. (Die jeweils der Sonne abgewandte Mondseite ist sogar -150 Grad kalt.)

## Wie entstehen Ebbe und Flut?

Bei seinem Umlauf um die Erde verursacht der Mond auf unserem Planeten die Gezeiten, also Ebbe und Flut. Er zieht die Wassermassen der Meere an und erzeugt einen Flutberg, der mit ihm, besser gesagt unter ihm, um die Erde läuft. Aber auch auf der vom Mond abgewandten Seite der Erde entsteht ein Flutberg. Die Anziehungskraft des Mondes nimmt mit der Entfernung stark ab. So wirkt sie auf das an dieser Seite entferntere Wasser weniger stark als Fliehkräfte, die auf die Erde ausgeübt werden. Da die Erde sich schneller um ihre Achse dreht als der Mond um die Erde läuft, dreht sich unser Planet unter diesen beiden Flutbergen hindurch, so dass sich in 25 Stunden Ebbe und Flut je zweimal ereignen.

Stehen Sonne, Mond und Erde auf einer gemeinsamen Geraden, summieren sich die Anziehungskräfte von Sonne und Mond, die Flutberge werden besonders hoch – wir haben eine Springflut. Stehen Sonne, Mond und Erde im rechten Winkel zueinander, heben sich die Anziehungskräfte von Sonne und Mond teilweise gegeneinander auf, die Flutberge sind sehr viel kleiner – wir haben eine Nippflut.

Gezeiten sind keine Spezialität der Erde. Gezeitenkräfte wirken überall, wo sich ausgedehnte Körper in einem Schwerefeld bewegen. Sie können so stark werden, dass die Körper zerrissen werden. Wenn zum Beispiel ein Komet auf der Erde einschlägt, wird er kurz zuvor von Gezeitenkräften in viele Einzelteile zerlegt. So wurde der Komet Shoemaker-Levi 1992 bei einem nahen Vorbeiflug am Jupiter in über 20 Einzelstücke zerrissen, die einen Umlauf später, im Juli 1994, auf dem Planeten einschlugen.

*Das Bild zeigt die totale Sonnenfinsternis am 11.8.1999. Der Mond wirft seinen Kernschatten auf Süddeutschland. Der Halbschatten reicht vom Nordpol bis zur Sahara.*

Schon mit bloßem Auge erkennt man auf dem Mond helle und dunkle Flecke. Die dunklen Flecke sind mehr oder minder große, sanft gewellte Ebenen aus dunklem Lavagestein, die seit 300 Jahren „Meere" heißen, weil die damaligen Astronomen die Flecke für Meere hielten. Damals wusste man noch nicht, dass es auf dem Mond kein Wasser gibt. Die hellen Stellen sind gebirgig mit ziemlich langen Gebirgsketten, denen man die Namen irdischer Gebirge gegeben hat. So gibt es zum Beispiel die Mondalpen und die Mondappenninen.

**Was sind die „Mondmeere"?**

Die auffälligsten Mondformationen sind die Krater, von denen es viele Millionen gibt. Schon mit einem einfachen Fernrohr kann man viele erkennen. Die größten haben Durchmesser bis über 200 km, die kleinsten – das haben unsere Astronauten auf dem Mond selbst nachgewiesen – sind nur wenige Zentimeter oder gar Millimeter groß.

Früher hat man geglaubt, dass die Mondkrater vulkanischen Ursprungs seien. Aber schon vor der Landung der Astronauten auf dem Mond waren die Astronomen überzeugt, dass die Mondkrater die Narben von ungezählten Meteoriteneinschlägen sind. Da der Mond keine Atmosphäre hat, stürzten die Brocken aus dem Weltall mit unverminderter kosmischer Geschwindigkeit auf seine Oberfläche.

*Totale Sonnenfinsternis am 11.8.1999 in Ungarn. Die Korona, also die gasförmige Lichthülle der Sonne, ist gut sichtbar, weil die Sonne selbst vollständig vom Mond abgedeckt wurde.*

**Wie sieht es auf dem Mond aus?**

In den Kinderjahren des Mondes, als unser Sonnensystem entstand, war die Dichte der Brocken im Weltall und die Häufigkeit ihrer Einschläge auf dem Mond noch sehr viel größer als heute, so dass die meisten Mondkrater schon fast so alt sind wie er selbst. So ist die Mondlandschaft ein hervorragend erhaltenes Museum der frühen Mondgeschichte. Die einzigen Verwitterungskräfte sind der Sonnenwind, der feine Meteoritenstaub und die starken Temperaturunterschiede zwischen Tag und Nacht. Die Verwitterung reicht aber nur wenige Zentimeter tief in den Mondboden hinein, so dass die

*Siamesische Astronomen beobachten eine partielle (unvollständige) Sonnenfinsternis; Gemälde aus dem 17. Jahrhundert. Die Gelehrten halten ein Stück Papier hinter das Okular eines Fernrohres, das die halb verdunkelte Sonne seitenverkehrt auf das Papier projiziert.*

**DIE MONDBAHN**

**Der Mond umkreist etwa einmal im Monat die Erde. Seine Bahn ist kein genauer Kreis, sondern eine Ellipse. Das führt dazu, dass der Mond einmal nur 356 500, dann wieder 406 700 km von der Erde entfernt ist. Er erscheint uns im Laufe der Zeit größer oder kleiner. Findet eine Sonnenfinsternis statt, wenn der Mond in Erdferne ist, so kann er die Sonne nicht ganz zudecken. Um den Mond herum erkennt man dann einen Sonnenring und spricht von einer „ringförmigen Sonnenfinsternis".**

**OSTERN wird am ersten Sonntag nach dem ersten Frühlingsvollmond gefeiert. Da der Frühling am 21. März beginnt, ist der früheste Termin für den Ostersonntag der 22. März . Der späteste Ostersonntag kann am 25. April stattfinden.**

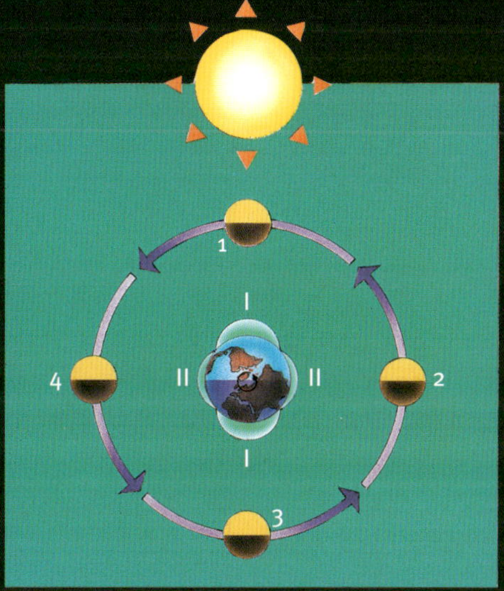


*Bei Neumond (1) und Vollmond (3) wirken Sonne und Mond zusammen, es entstehen Springfluten (I); bei Halbmond (2 und 4) wirken sie senkrecht zueinander, es entstehen Nippfluten (II).*

**Der Monat**

**Der Mond umkreist einmal in 27,3 Tagen die Erde. Diesen Zeitraum nennt man einen siderischen Monat. Von Neumond zu Neumond vergehen aber 29,5 Tage. Neumond ist immer dann, wenn der Mond von uns aus gesehen in Richtung Sonne steht. Diese bewegt sich scheinbar am Himmel weiter, so dass der Mond nicht 27,3, sondern 29,5 Tage braucht, um die Sonne wieder einzuholen. Diesen Zeitraum von 29,5 Tagen nennt man synodischen Monat. Die Kalendermonate dauern aus praktischen Gründen 28, 29, 30 oder 31 Tage und stimmen nicht mit dem Mondlauf überein.**

Astronauten bei ihren Spaziergängen auf unserem Trabanten nur einige Finger tief in den Mondstaub einsanken. Auf dem Mond – so sagte einer die Astronauten – sieht es so aus, als habe man dort seit über vier Milliarden Jahren keinen Staub gewischt.

In früheren Zeiten gab es auf dem Mond tätige Vulkane. Die Mondmeere sind wahrscheinlich die Rückstände breitflächiger Lavaflüsse, die ähnlich wie irdische Lava aus den Tiefengesteinen Basalt und Olivin bestehen. Bei einzelnen Einstürzen besonders großer Meteoriten wurde die Mondoberfläche aufgebrochen; das hat stellenweise zu solchen Lavaüberflutungen geführt.

## Wie ist der Mond entstanden?

Über das Alter und über die Entstehung des Mondes wissen wir heute recht gut Bescheid. Die Erde und der Mond sind einander so nahe und in der Größe so wenig verschieden, dass wir fast von einem Doppelplaneten sprechen können. Eine Altersbestimmung des Mondgesteins hat auch gezeigt, dass Mond und Erde zur gleichen Zeit, vor etwa viereinhalb Milliarden Jahren, und wohl auch am gleichen Ort entstanden sind. Der Mond ist also ein Stück Urerde; seine Bestandteile wurden wahrscheinlich bei Kollisionen mit Riesenmeteoriten aus der Erde herausgeschlagen.

Kurz nach seiner Entstehung war der Mond uns näher als heute. Der Abstand betrug zu Beginn nur etwa zwei Erddurchmesser. Die Umlaufzeit des Mondes um die Erde betrug damals nur zweieinhalb Stunden. Dabei müssen beide gewaltige

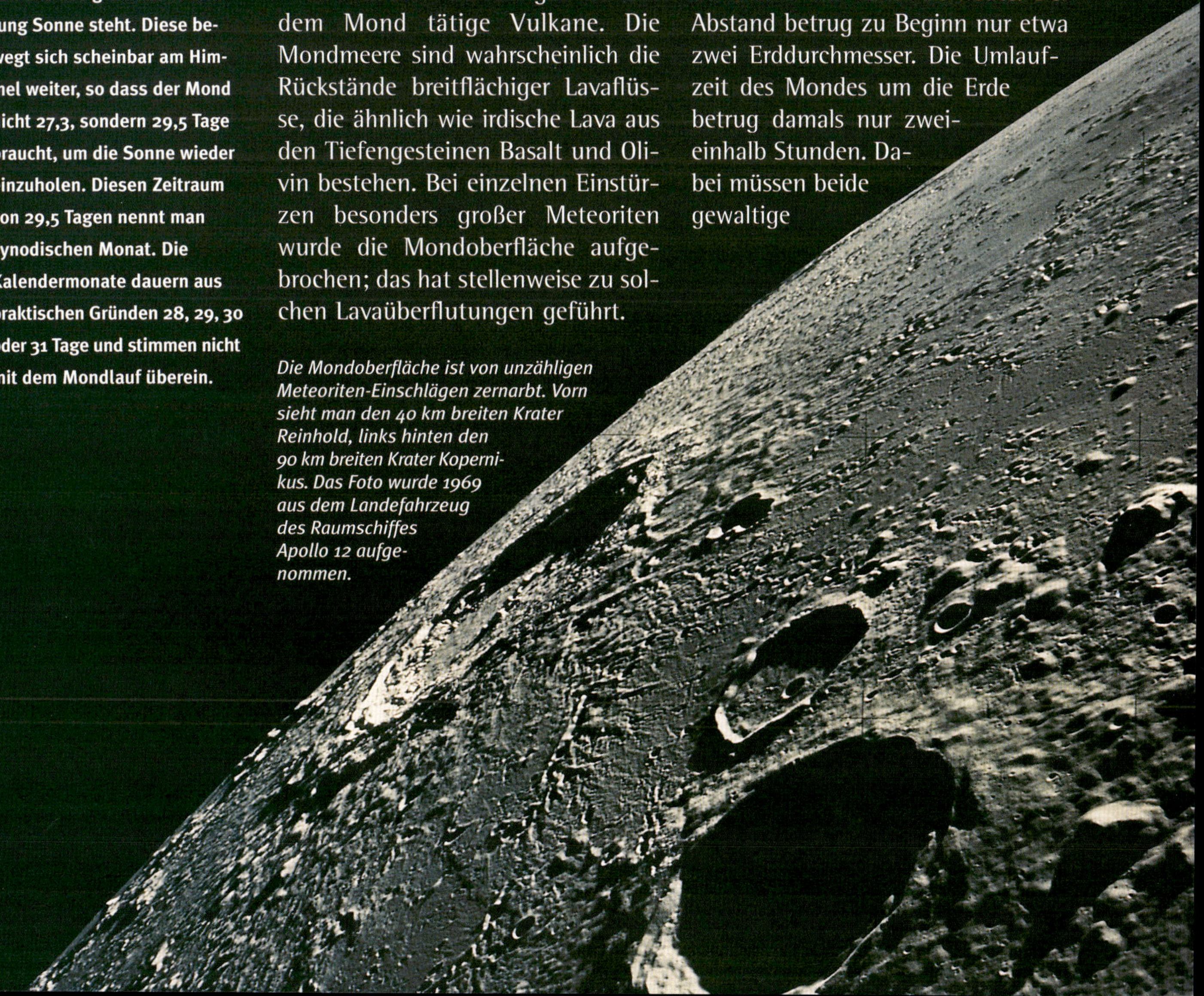

*Die Mondoberfläche ist von unzähligen Meteoriten-Einschlägen zernarbt. Vorn sieht man den 40 km breiten Krater Reinhold, links hinten den 90 km breiten Krater Kopernikus. Das Foto wurde 1969 aus dem Landefahrzeug des Raumschiffes Apollo 12 aufgenommen.*

Gezeitenkräfte aufeinander ausgeübt haben, die nach den Gesetzen der Himmelsmechanik zwei entscheidende Folgen hatten.

Wie bereits geschildert, dreht die Erde sich unter ihren Flutbergen hindurch. Diese wirken wie zwei Bremsbacken. Dadurch hat sich die Rotationsgeschwindigkeit der Erde in viereinhalb Milliarden Jahren bis auf 24 Stunden verlangsamt. Gleichzeitig bremste auf dem anfangs noch flüssigen Mond eine gewaltige Flutwelle aus Lava mit ihrer riesigen Reibungskraft seine Rotation mehr und mehr ab, bis der Mond fast zum Stillstand kam. Daher dreht er uns heute immer die gleiche Seite zu – seine Rückseite konnten wir erst sehen, als unsere Raumschiffe ihn umflogen und fotografierten.

*Die innere Kreisbahn auf diesem Bild zeigt, wie der Mond von der Sonne angestrahlt wird. Auf der äußeren Kreisbahn sieht man die Lichtgestalten (Phasen) des Mondes, wie wir sie von der Erde aus sehen.*

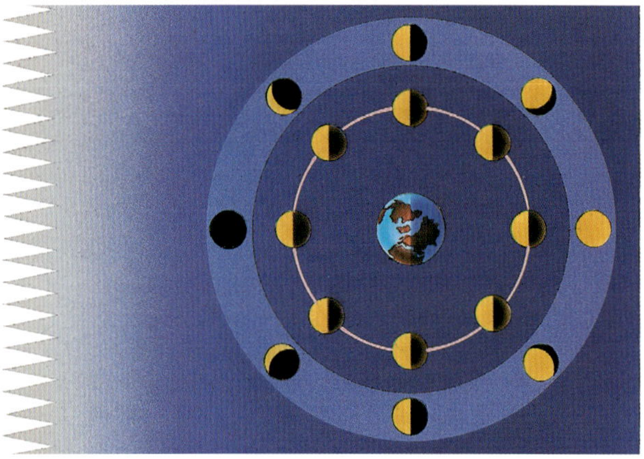

Die zweite Folgeerscheinung ist, dass der Mond sich seit seiner Entstehung immer weiter von der Erde entfernt. Von seinem ursprünglichen Abstand von zwei Erddurchmessern ist seine Entfernung mittlerweile auf 30 Erddurchmesser angewachsen und wird sich langsam weiter vergrößern.

**Die Mondphasen**

**Der Mond erscheint uns manchmal als schmale Sichel, dann als Halbmond oder Vollmond. Wir sprechen von zunehmendem oder abnehmendem Mond, wenn der Erdbegleiter seine verschiedenen Phasen vom Neumond über den Vollmond und zurück zum Neumond durchläuft. Die Phasen sind auf der Abbildung links zusehen.**

# Die Geschwister der Sonne

**Wann fliegt „Voyager 2" am Sirius vorbei?**

Die amerikanische Planetensonde „Voyager 2" wurde im Herbst 1977 gestartet und flog vier Jahre später am Saturn vorbei. Im Herbst 1989 kreuzte sie die Neptunbahn. Sie ist immer noch schnell genug, um dem Schwerefeld der Sonne zu entkommen. Danach verließ sie unser Sonnensystem und flog in die Tiefe des Weltalls. Das allerdings ist eine äußerst einsame Reise. Denn erst nach 360 000 Jahren wird die Sonde die Nachbarschaft des hellsten Fixsterns an unserem Himmel, den Sirius im Sternbild des Großen Hundes, erreichen. Dabei gehört Sirius zu den allernächsten Sonnennach-

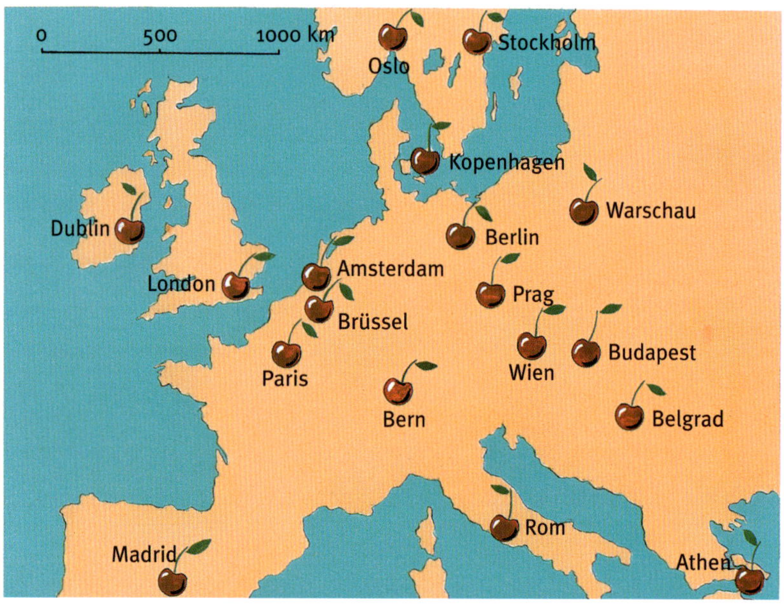


*Wie leer der Weltraum ist, veranschaulicht diese Zeichnung: Wenn wir – in Gedanken – die Sonne und die nächsten Fixsterne auf die Größe von Kirschen verkleinern, wäre der Raum, in dem sie sich befinden, so groß wie Europa. Jede Hauptstadt wäre eine Kirsche – alles andere ist leerer Raum. Unser Sonnensystem wäre bequem auf einem mittleren Marktplatz unterzubringen.*

*Zwischen 1979 und 1989 flog die Sonde „Voyager 2" an den Planeten Jupiter, Uranus und Neptun vorbei. Inzwischen hat die Sonde unser Sonnensystem verlassen.*

barn im Weltall. Denn auch die Fixsterne sind Sonnen.

Es gibt wohl kein besseres Beispiel dafür, wie groß, aber auch wie leer das Weltall ist. Obwohl es rund 200 Milliarden Sterne in unserer Milchstraße gibt, stehen sie unvorstellbar weit voneinander ab. Denken wir uns einmal ein Modell der Sonnenumgebung mit den nächsten Fixsternen, in dem die Durchmesser der Sonnen auf Kirschgröße und ihre Abstände im gleichen Maßstab verkleinert sind. Wenn wir dann etwa ein Dutzend Sterne in unser Modell unterbringen wollen, so müsste es so groß sein wie Europa. In jeder Hauptstadt würde sich eine Kirsche befinden – alles andere ist leerer Raum. Unser Planetensystem würde bequem auf den Marktplatz einer Hauptstadt passen. Die Sonnen mit ihren Planeten – wenn sie welche haben – sind also in den Tiefen des Alls ungeheuer einsam. Jetzt verstehen wir auch, weshalb der „Voyager 2" den Marktplatz einer Stadt bequem in 12 Jahren durchqueren kann, aber 360 000 Jahre braucht, um von Berlin nach Paris zu fliegen.

*Wenn man Stern C von Punkt A und sechs Monate später von Punkt B der Erdbahn aus betrachtet, kann man aus der Entfernung AB (Durchmesser des Erdumlaufs) und den Winkeln CAB und CBA die Entfernung der Erde zu C berechnen.*

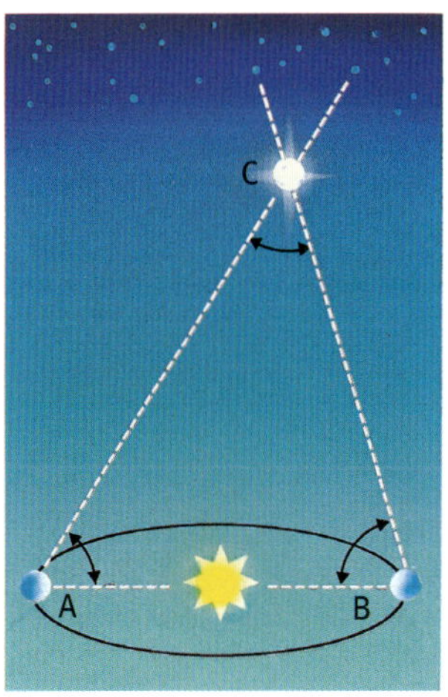


**Wie misst man die Entfernung eines Fixsterns?**

Um diese riesigen Entfernungen zu messen, benutzen die Astronomen einen Trick aus der Geometrie. Man misst die scheinbare Verschiebung eines Sternes, die er zeigt, wenn man ihn von zwei verschiedenen Punkten, möglichst weit voneinander entfernt, anvisiert. Dann kann man ein Dreieck zeichnen, wie es das Bild links zeigt. Dazu fixiert man einen Stern etwa am 1. Januar und dann wieder am 1. Juli. Dabei wird die Basis des Dreiecks möglichst groß und damit auch der Winkel an der Spitze, in dessen Scheitel der Stern liegt. Diesen Winkel nennt man „Parallaxe". Da die Sterne sehr weit entfernt sind, ist dieser Winkel winzig klein und so gelang es erst im Jahre 1838 dem deutschen Astronomen Friedrich Wilhelm Bessel, erstmals die Entfernung eines Fixsterns zu messen.

## Was ist ein Lichtjahr?

Die Entfernungen im All sind so riesengroß, dass der Kilometermaßstab unhandlich wird. Deswegen erfand Bessel einen neuen Maßstab: das Lichtjahr. Das ist jene Entfernung, die das Licht in einem Jahr zurücklegt. Die Lichtgeschwindigkeit beträgt 300 000 Kilometer pro Sekunde. Ein Lichtjahr ist demnach 9,46 Billionen Kilometer lang.

Der Mond ist danach 1,3 Licht sekunden und die Sonne 8,3 Lichtminuten von der Erde entfernt. Schon daran lassen sich die ungeheuren Entfernungen im Weltall ermessen. Bis zum nächsten Fixstern sind es über 4 Lichtjahre.

Reisen wir jetzt einmal in Gedanken zum Sirius, unserem hellsten Fixstern. Er ist 8,6 Lichtjahre von unserem Planeten entfernt. Von dort aus gesehen erscheint der Durchmesser der Erdbahn so groß wie ein Tennisball, aus einer Entfernung von 14 Kilometern gesehen.

Wenn der Sirius so weit entfernt und trotzdem noch der hellste Stern am Himmel ist, dann muss er eine gewaltige Leuchtkraft besitzen. Das ist auch der Fall. Da wir seine Entfernung kennen, konnten wir auch seine Leuchtkraft im Vergleich zu unserer Sonne bestimmen: Sie ist 23-mal größer. Stünde unsere Sonne so weit entfernt wie der Sirius, wäre sie nur ein Stern zweiter Größe, etwa so hell wie die Sterne des Großen Wagens.

Auf diese Weise hat man die wirkliche Leuchtkraft der Sterne bestimmen können. Die hellsten unter ihnen sind bis 100 000-mal heller als unsere Sonne. Damit ist eine Grenze erreicht. Noch hellere Sterne müssten so massereich sein, dass ihre Energieerzeugung sie auseinander blasen würde.

## Wie misst man die Größe eines Fixsterns?

Von unserer Sonne wissen wir, dass ihr Durchmesser 109-mal größer ist als der unserer Erde. Wie groß sind nun die übrigen Sterne? Im Gegensatz zu den Planeten in unserer Nähe können wir die Durchmesser der Fixsterne nicht direkt messen. Sie sind so weit entfernt, dass sie auch bei den größten Vergrößerungen mit unseren Fernrohren Punkte bleiben, ohne messbaren Durchmesser. Wenn wir

### Die Eigenbewegung

**Früher glaubte man, die Fixsterne, welche man zu den Sternbildern zusammenfasst, seien am Himmel fixiert oder festgemacht. Das Wort Fixsterne, das wir für unsere Nachbarsonnen gebrauchen, stammt aus dieser Zeit. Aber auch die Sternbilder verändern sich langsam, die Fixsterne bewegen sich untereinander. Nur reicht ein Menschenleben nicht aus, diese „Eigenbewegung“ zu beobachten.**

**Der Große Wagen würde in 100 000 Jahren ganz anders als heute aussehen (siehe Bild auf Seite 37).**

*Die Zeichnung zeigt einige bekannte Sterne nach der Größe ihrer Durchmesser geordnet. Es gibt aber auch viele Sterne, die wesentlich kleiner als die Sonne sind. Manche Weißen Zwerge, also zusammengeschrumpfte Sterne, sind nicht größer als der Mond; einige so genannte Pulsare (das sind Sterne, die in kurzen, wiederkehrenden Stößen Energie ausstrahlen) sind nur 10 bis 20 km groß.*

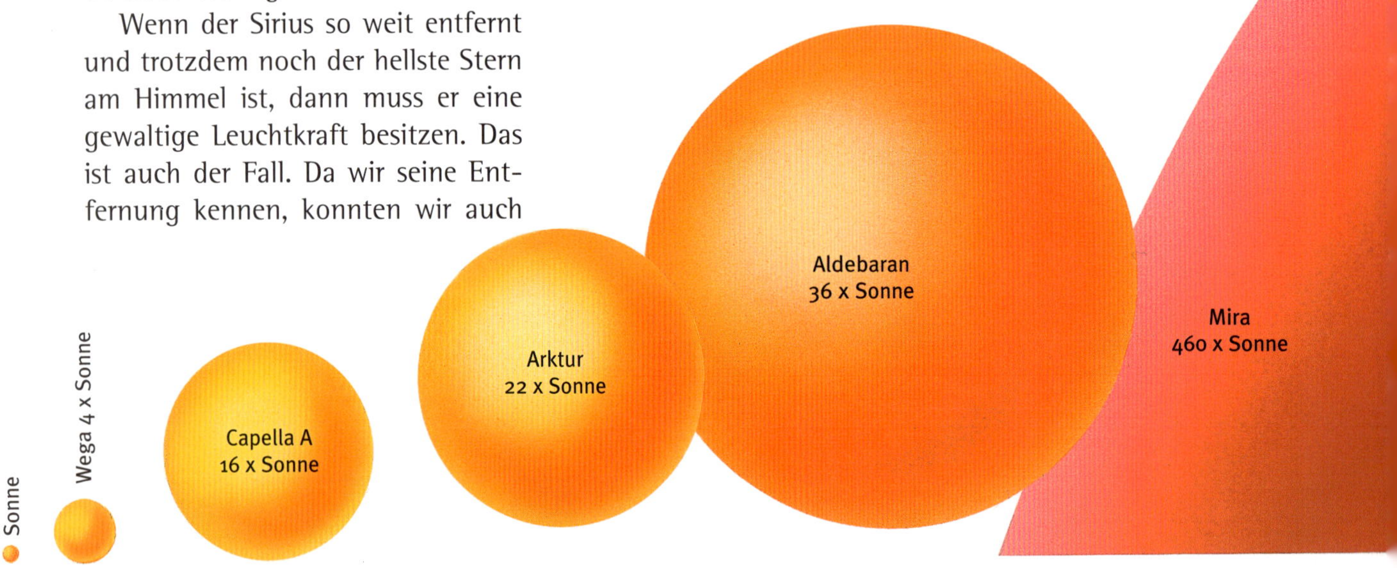

**Historische Begriffe**
Die Astronomen verwenden oft wissenschaftlich gesehen falsche Worte für Gestirne und Himmelserscheinungen. Man sagt zum Beispiel, ein Stern „geht auf", obwohl sich in Wirklichkeit die Erde dreht, bis der Stern am Horizont erscheint. Diese Wortwahl stammt aus früheren Zeiten, als man wirklich glaubte, die Sterne würden sich um die Erde drehen. Auch der Mond nimmt natürlich nicht wirklich ab, wenn er von Tag zu Tag dünner erscheint.

Das helle Sternenband am Himmel, aber auch unsere ganze Galaxie, nennt man „Milchstraße", da man glaubte, die Milch einer Göttin sei am Himmel verspritzt worden.

**Rote Riesen** sind sterbende Sonnen, die sich im Todeskampf gewaltig aufblähen, um dann später ihre äußeren Hüllen langsam oder explosionsartig abzustoßen. Man kann einige Rote Riesen am europäischen Sternenhimmel erkennen. Zu ihnen gehören Beteigeuze im Orion und Antares im Skorpion. Der Kern des sterbenden Sterns wird zu einem kompakten Sternenrest, zum Beispiel zu einem Weißen Zwerg oder einem Neutronenstern.

also die Größe der Sterne bestimmen wollen, müssen wir einen Umweg einschlagen. Er führt über die Farbe und damit über die Oberflächentemperatur der Sterne. Schon mit dem bloßen Auge können wir sehen, dass Sterne verschieden gefärbt sind. An der Farbe kann man die Temperatur ablesen, die mit der Farbskala von Rot über Gelb, Weiß bis Blau laufend steigt. Die roten Sterne sind „nur" 3000 Grad heiß, während die blauen Sterne Oberflächentemperaturen bis zu 35 000 Grad erreichen. Unsere Sonne ist mit ihrer Temperatur von 5900 Grad ein gelblich-weißer Stern.

Das ist der halbe Umweg zur Berechnung der Größe eines Sternes. Wir wissen, dass ein Körper um so heller wird, je heißer er glüht. Nun vergleichen die Astronomen die Farbe und die Leuchtkraft eines bestimmten Sternes miteinander und schließen daraus auf seine Größe: Wenn ein roter Stern mit seiner schwach glühenden Oberfläche dennoch sehr hell ist, muss er eine gewaltige Oberfläche haben – nur so lässt sich seine riesige Gesamtleuchtkraft erklären. Umgekehrt strahlt ein blauer Stern pro Quadratmeter seiner Oberfläche so viel mehr Licht aus, dass seine Kugel auch etwas kleiner sein kann.

## Was sind Riesen- und Zwergsterne?

Auf diese Weise haben die Astronomen festgestellt, dass es unter den Sternen Riesen und Zwerge gibt. Die größten unter ihnen sind die Roten Riesen, weil sie trotz ihrer geringen Abstrahlung pro Quadratmeter bis 50 000-mal heller als die Sonne sind. Die größten Riesen sind bis zu 500-mal größer als unsere Sonne. In ihrem Inneren hätte unser Sonnensystem bis zur Bahn des Planeten Mars Platz. Der Sirius ist ein weißer Stern, 20-mal so hell wie unsere Sonne. Seine Oberflächentemperatur beträgt 10 000 Grad. Er ist etwa doppelt so groß wie die Sonne.

Es gibt aber auch zahllose Zwergsterne, zum Beispiel die schwach leuchtenden Roten Zwerge, die die Hälfte oder gar nur ein Fünftel des Sonnendurchmessers haben.

Unsere Sonne ist der Größe nach ein recht durchschnittlicher Stern mit vielen Milliarden ähnlich großer Geschwister in der Milchstraße. Glücklicherweise hat sie aber genau die richtige Größe und Helligkeit, um unserer Erde als nährendes Zentralgestirn zu dienen. Wäre sie wärmer oder auch kälter, wäre jedes Leben auf der Erde ausgeschlossen.

Eine Besonderheit sind die Weißen Zwerge. In ihnen hat sich die Materie so ungeheuer verdichtet, dass eine ganze Sonnenmasse in die Größe der Erdkugel hineinpasst. Dabei haben wir es allerdings mit einer Abart der Materie zu tun; eine Streichholzschachtel aus diesem Sternmaterial wöge drei Tonnen. Da die Weißen Zwerge sehr heiß sind, sind sie trotz ihrer kleinen Oberfläche sehr hell. Nur darum konnten wir sie entdecken.

## Was sind Sternhaufen?

Im Schnitt sind die Sterne in den riesigen Weiten des Weltalls recht gleichmäßig verteilt. Dennoch neigen sie dazu, sich an manchen Orten zusammenzuscharen und etwas dichter zu stehen. In unserem Modell (siehe Seite 32) hätten wir dann eine Kirsche etwa in jeder Hauptstadt eines Bundeslandes. Aus großer Entfernung sieht eine solche Ansammlung wie ein Sternhaufen aus – und so nennt man sie auch. Der berühmteste Sternhaufen ist das Siebengestirn, auch Plejaden genannt. In diesem Sternhäufchen im Sternbild des Stiers lassen sich im Fernrohr bis zu 100 Sterne erkennen, sieben sieht man mit bloßem Auge. In unserer Milchstraße gibt es etwa 1055 Sternhaufen.

*Die Plejaden im Sternbild Stier gehören zu den bekanntesten Sternhaufen am nördlichen Winterhimmel. Weil man auch mit bloßem Auge schon sieben ihrer Sterne sehen kann, werden sie auch „Siebengestirn“ genannt. Sie sind etwa 400 Lichtjahre von uns entfernt und entstanden vor rund 100 Millionen Jahren aus kosmischem Staub.*

Die Sterne stehen keineswegs im Raum still, sondern rasen mit Geschwindigkeiten von etwa 10 bis 500 Kilometer je Sekunde durch das Weltall. Unsere Sonne z. B. bewegt sich mit einer Geschwindigkeit von 20 km/s in Richtung auf die Sternbilder Herkules und Leier zu. Zusammenstöße brauchen wir nicht zu befürchten. Auch in Milliarden Jahren kommt es praktisch nicht vor, dass zwei Sterne einander auch nur gefährlich nahe kommen.

## Was sind Doppelsterne?

Unsere Sonne ist ein Einzelstern. Manchmal jedoch stehen zwei oder mehr Sonnen dicht zusammen und umkreisen einander. Man nennt sie Doppel- oder Mehrfachsterne. Sie sind gar nicht so selten. So hat etwa der Stern Mizar im Großen Wagen einen kleinen Begleiter mit Namen Alkor. Je nach ihrem Abstand und ihrer Masse umkreisen die Doppelsterne einander langsam oder schneller, wobei die Umlaufzeiten zwischen wenigen Tagen und Hunderten und Tausenden von Jahren betragen können.

Bei einigen wenigen Doppelsternen schauen wir von der Erde aus genau auf die Kante der Bahnebene. Dann kommt es vor, dass in regelmäßigen Abständen der eine Stern den anderen bedeckt. Dabei sackt jedes Mal die Gesamthelligkeit des Sterns ab. Hier sprechen wir von einem „veränderlichen“

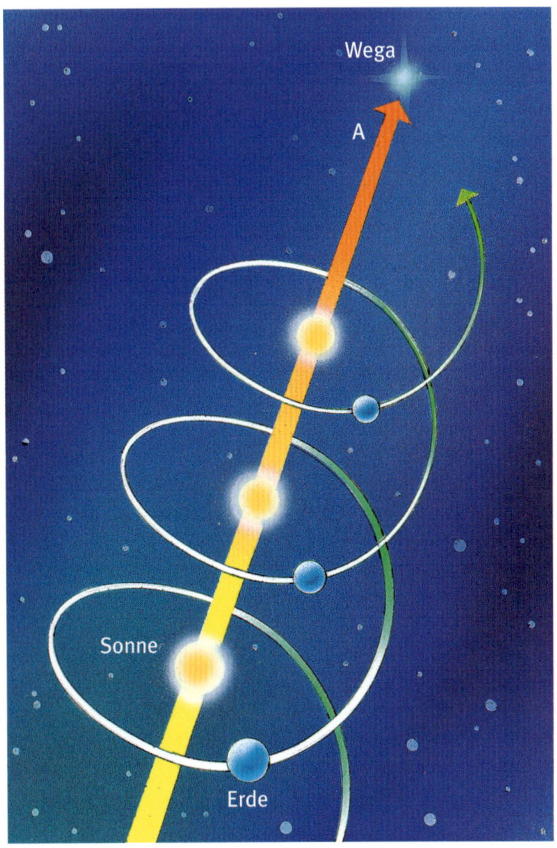


*Während die Erde um die Sonne kreist, bewegt diese sich mit 20 km/s auf der Linie A in Richtung Wega. Die Erde kreist spiralförmig um die Sonne.*

**Im Fernrohr**

**Einige Doppselsterne kann man schon mit dem bloßen Auge doppelt sehen, zum Beispiel den mittleren Deichselstern des Großen Wagens. Mit einem guten Feldstecher oder einem kleinen Amateurfernrohr kann man viele weitere Doppelsterne „trennen“. Es gibt im Buchhandel gute Sternführer oder Himmelsatlanten, aus denen man günstige Doppelsterne entnehmen kann.**

**NOVAAUSBRÜCHE**

**Früher glaubte man, eine Nova sei ein ganz neuer Stern. Vor einigen Jahrzehnten nahm man an, ein sonnenähnlicher Stern würde bei seinem Ende einen Novaausbruch erleiden. Heute wissen wir, dass Novaausbrüche in Doppelsternsystemen stattfinden, bei denen ein Partner ein Weißer Zwerg, der andere ein normaler Stern ist. Von diesem fließt Materie, vor allem Wasserstoff, zum Weißen Zwerg und bildet eine große Scheibe. Diese wird durch den Aufprall immer neuer Gasmassen immer heißer, bis sie wie eine große Wasserstoffbombe explodiert. Durch diese Explosion kann der Doppelstern bis zu 1 Million mal heller als vorher werden. Diese Helligkeit nimmt dann langsam wieder ab. Novaausbrüche können sich bei gewissen Sternenpaaren wiederholen. Man spricht dann von einer wiederkehrenden Nova.**

**SUPERNOVAAUSBRÜCHE**

**finden nicht nur beim Zusammenbruch großer Einzelsterne statt. Es gibt noch einen anderen Typ von Supernovae. Auch bei ihm haben wir zunächst einen Doppelstern, bei dem ein Partner ein Weißer Zwerg ist, auf den Materie vom anderen Stern fließt. Der Weiße Zwerg bekommt dadurch immer mehr Masse, bis eine kritische Grenze überschritten wird. In diesem Moment stürzt der Weiße Zwerg in sich zusammen und explodiert als Ganzes wie eine große Atombombe.**

Stern oder Bedeckungsveränderlichen. So ist der Algol im Perseus schon seit dem Altertum bekannt. Alle 68 Stunden – das ist die Umlaufzeit der beiden Partner umeinander – ereignet sich eine Sternenverfinsterung mit einem deutlichen Helligkeitsabfall. Nach 10 Stunden stehen die beiden Sterne wieder nebeneinander und erscheinen wieder hell wie zuvor.

## Was ist eine Supernova?

Jeder größere Stern erlebt am Ende seines Daseins eine Katastrophe. Wenn er seinen atomaren Brennstoff, Helium und ein paar später entstandene weitere Elemente, aufgebraucht hat, versagt der Strahlungsdruck, der von innen heraus die riesige Gaskugel im Gleichgewicht hielt. Dann bricht der Stern buchstäblich binnen Sekunden zusammen und wird zu einem so genannten Neutronenstern. Dabei wird ein gewaltiger Energiestoß frei, der die äußersten Gashüllen des Sterns mit einem ungeheuren Lichtblitz in die weiten Räume des Weltalls schleudert. Während eines solchen Strahlungsausbruchs kann ein Stern für kurze Zeit so hell sein wie die hundert Milliarden anderen Sterne der Milchstraße zusammengenommen.

Von der Erde aus gesehen erscheint dann binnen Minuten ein neuer Stern am Himmel, der ein paar Wochen lang so hell sein kann, dass man ihn selbst am Tage sieht. Da eine solche Erscheinung gewissermaßen ein neuer Stern ist, nannte man sie „Nova" (lateinisch = neu). Heute unterscheiden wir streng zwischen Nova und Supernova. Eine Nova ist eine Explosion an der Oberfläche eines Sterns. Novae sind recht häufige Ereignisse, die jedoch weniger spektakulär als Supernovae und meist nur in sehr großen Teleskopen zu sehen sind.

Bei der Explosion eines Riesensterns spricht man von einer „Supernova". Dabei strahlt der sterbende Stern an einem einzigen Tag so viel Energie aus wie unsere Sonne in 1 Milliarde Jahren. Die Sternmaterie wird mit Geschwindigkeiten bis zu 10 000 km/s in den Weltraum geschleudert.

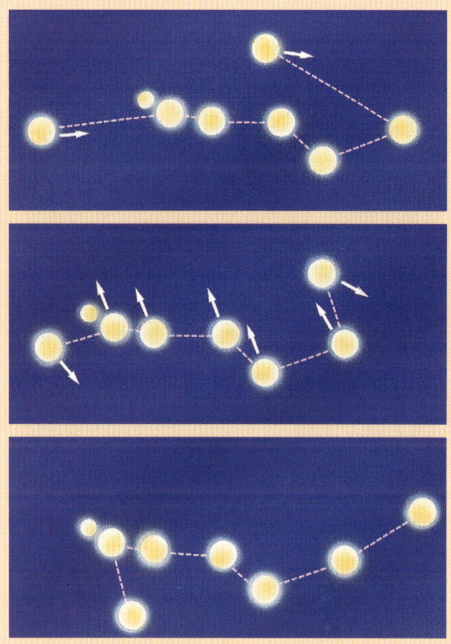

*Die Form des Großen Wagens ändert sich langsam, weil seine sieben Sterne sich in verschiedene Richtungen bewegen. Oben sehen wir, wie das Sternbild vor 100 000 Jahren aussah. In der Mitte der Große Wagen heute. So wie unten wird er weitere 100 000 Jahre später aussehen. Der Große Wagen ist ein Teil des Sternbilds Großer Bär.*

## Wie häufig ereignet sich eine Supernova?

Da die Riesensterne so selten sind, gibt es auch in der Milchstraße nur wenige Supernovae. In geschichtlicher Zeit wurden nur sieben registriert, und zwar in den Jahren 185, 394, 1006, 1054, 1181, 1572 und 1604.

Da es viele ferne Galaxien gibt, konnten die Astronomen mit modernen Teleskopen auch in jüngster Zeit Supernovae in fernen Sternensystemen entdecken und studieren.

In unserer Milchstraße ereignet sich im Schnitt ein Supernova-Ausbruch etwa alle 300 Jahre. Die letzte Supernova in unserer Milchstraße vom Jahre 1604 hat der deutsche Astronom Johannes Kepler beobachtet und genau beschrieben. Das war vor fast 400 Jahren. So kann sich vielleicht bald wieder eine Supernova ereignen.

**Was blieb von der Supernova 1987 übrig?**

Doch am 24. Februar 1987 bescherte uns der Zufall eine hell leuchtende Supernova in unserem nächsten Nachbarsystem, der 165 000 Lichtjahre entfernten Großen Magellanschen Wolke am südlichen Himmel. Sie war mit bloßem Auge als heller Stern zu sehen. Dies war die erste nahe Supernova, seit es Fernrohre und Großteleskope gibt. So haben die Astronomen diese Gelegenheit genutzt, um in allen Wellenbereichen, mit sichtbarem Licht, mit Radio-, Röntgen-, Gamma- und Neutrinoteleskopen diesen „neuen Stern" unter die Lupe zu nehmen. Dabei lernten sie eine ganze Menge darüber, wie ein schwerer Stern explodiert. Was bei dieser gigantischen Katastrophe übrig blieb, wissen wir noch nicht. Vielleicht ein kompakter Neutronenstern, der schnell rotiert und uns dadurch als Pulsar erscheint? Vielleicht auch ein Schwarzes Loch? Eines Tages werden wir es wohl genauer erfahren, wenn sich die Explosionswolken weiter ausgebreitet haben und die Sicht auf das Zentrum freier wird.

*1987 konnte man in der Großen Magellanschen Wolke eine Supernova beobachten. Bei einer Supernova explodiert ein Riesenstern. Er strahlt dabei ungeheure Energiemengen ab und schrumpft dann zum Neutronenstern.*

**Sternreste**

**Die Kerne ausgebrannter alter Sterne werden zu so genannten „Sternresten". Das sind vergleichsweise winzige Kugeln mit riesigen Massen. Unsere Sonne wird einmal ein Weißer Zwerg, der etwa so groß wie die Erde, aber fast so schwer wie die Sonne ist. Ein Kubikzentimeter seiner Materie wiegt etwa eine Tonne. Große Sterne können zu Neutronensternen werden, die nur etwa 20 km Durchmesser haben. Ein Kubikzentimeter eines Neutronensterns hat die Masse von 100 Millionen Tonnen! Während man Weiße Zwerge und Neutronensterne beobachten kann, sind die kompaktesten Sternreste, die Schwarzen Löcher (siehe Seite 42), unsichtbar.**

# Unsere Milchstraße

**Woraus besteht die Milchstraße?**

Im Jahre 1609 hat der große Italiener Galileo Galilei als erster Mensch ein Fernrohr zum Himmel gerichtet und dabei auf Anhieb ein großes Rätsel gelöst: Er konnte uns sagen, was die Milchstraße ist. Mit seinem primitiven Fernrohr gelang es Galilei, die hellsten Wolken der Milchstraße in einzelne Sterne aufzulösen. Aber dahinter entdeckte er neue, noch schwächere Wolken, die er mit seinem kleinen Fernrohr nicht mehr auflösen konnte. Galilei zog den richtigen Schluss: Auch die schwach leuchtenden Wölkchen in

Dem Hubble-Weltraumteleskop gelangen einmalige Einblicke in Sternentstehungsgebiete. In den dunklen, säulenförmigen Wolken entstehen neue Sonnen, im Hintergrund strahlt ein junger Stern.

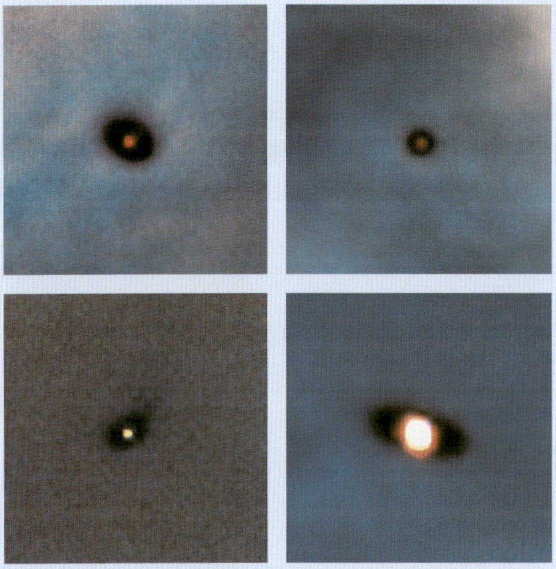

Mit dem Hubble-Weltraumteleskop gelang es auch, entstehende Planetensysteme zu photographieren. Um junge Sonnen haben sich Scheiben gebildet, aus denen, wie auf Seite 10 beschrieben, Planeten entstehen können.

seinem Fernrohr müssen aus Sternen bestehen. Heute, mit Hilfe unserer großen Fernrohre, wissen wir, dass er Recht hatte: Unsere Milchstraße besteht in der Tat aus einer Ansammlung von ungefähr 200 Milliarden Sternen. Unsere Sonne mit ihren Planeten ist einer von ihnen. Auch stehen wir nicht in der Mitte, sondern etwa zwei Drittel des Radius der Milchstraße von ihrer Mitte entfernt.

Nach Galileis großartiger Entdeckung machten sich die Astronomen Gedanken über die Form unserer Milchstraße: Da wir sie von unserem Standort aus nur als ein schmales Band am Himmel erblicken und wir selber dazugehören, kann sie – so schlossen die Astronomen ganz richtig – eigentlich nur die Form einer Scheibe haben.

Und so ist es in der Tat: Im Zentrum der Milchstraße (des Milchstraßensystems) stehen die Sterne etwas dichter und bilden dort eine leicht kugelförmige Anhäufung. Nach außen hin flacht sich die Scheibe deutlich ab und wird immer dünner. Ein bisschen sieht die Milchstraße aus wie der Planet Saturn mit seinen Ringen.

Die Milchstraße ist ein riesiger „Spiralnebel“ aus etwa 200 Milliarden Sternen (oben). Von der Kante her betrachtet (unten) ist die Scheibe der Milchstraße sehr viel dünner als der linsenförmig verdickte Wulst in der Mitte.

**Was sind „leuchtende Gasnebel"?**

Später entdeckte man, dass die Milchstraße nicht nur aus Sternen besteht, sondern auch aus Gas- und Staubwolken, die ganz langsam regellos durcheinander wirbeln wie die Dunstwolken in einer verräucherten Kneipe. Aber auch diese Staub- und Gasmassen befinden sich ausschließlich in der Scheibenebene des Milchstraßensystems.

Einige der Gasmassen leuchten in wunderschönen bunten Farben. Es sind dies die berühmten Gasnebel, von denen der Orionnebel im Sternbild des Orion, mit dem bloßen Auge gut sichtbar, der bekannteste ist. Heute wissen wir, dass diese Gasnebel die Wiege von jungen Sternen sind, die gerade geboren werden, auf die gleiche Art, wie einst unser Sonnensystem entstand. Die Schöpfung ist also auch heute noch unentwegt im Gang.

Große Staubmassen können nun das Licht der dahinter liegenden Sterne verschlucken, so dass auf unseren Himmelsaufnahmen vielfach schwarze Stellen zu erkennen sind. Diese nennt man „Dunkelnebel". In der südlichen Milchstraße gibt es eine besonders auffallend große Stelle dieser Art; ihr haben schon die alten Seefahrer den treffenden Namen „Kohlensack" gegeben.

Die Astronomen schätzen, dass sich bisher ungefähr nur die Hälfte aller Massen der Milchstraße zu Sternen verdichtet hat. Die andere Hälfte besteht aus fein verteiltem Gas und Staub, der sich besonders in der Mittelebene der Milchstraßenscheibe konzentriert hat. Das ist der Grund, weshalb die Milchstraße über lange Strecken hinweg in der Mitte geteilt erscheint. Diese Massen versperren uns just den Blick auf das besonders interessante Zentrum der Milchstraße. Wenn wir aber nicht hindurchschauen können – wie können wir dann etwas darüber wissen?

**DAS HUBBLE-WELTRAUM-TELESKOP ist ein gewaltiges Spiegelteleskop, das als Satellit die Erde umkreist. Es befindet sich also oberhalb der Atmosphäre und wird durch diese nicht gestört. Man bekommt dadurch viel bessere Bilder als von erdgebundenen Teleskopen und kann auch in Wellenlängen beobachten, die die Oberfläche unseres Planeten nicht erreichen. Mit dem Hubble-Teleskop hat man besonders intensiv die Sternentstehungsgebiete in den großen kosmischen Gas- und Staubwolken untersucht. Die Wissenschaftler konnten nicht nur junge Sonnen, sondern auch entstehende Planetensysteme aufnehmen. Um viele junge Sterne findet man große Gas- und Staubscheiben, aus denen sich vielleicht später Planeten bilden können. Auf ähnliche Weise ist ja auch unser Sonnensystem entstanden.**

*Das größte vollbewegliche Radioteleskop der Welt steht bei Effelsberg in der Eifel. Sein Parabolspiegel hat 100 m Durchmesser. Es fängt aus dem Weltall kommende Wellen auf, zum Beispiel aus dem Zentrum unserer Milchstraße und aus dunklen Wolken, in denen neue Sterne entstehen.*

**Die Milchstrasse**
**Als „Milchstraße" bezeichnet man eigentlich nur das helle Band am dunklen Nachthimmel, das aus Millionen von Sternen besteht. Diese Milchstraße ist ein Teil unserer Galaxie oder unseres Milchstraßensystems. Es hat sich jedoch eingebürgert, auch unsere ganze Galaxie vereinfacht als „Milchstraße" zu bezeichnen.**

**Kugelhaufen sind die ältesten Gebilde in unserem Milchstraßensystem. Sie entstanden vor über 12 Milliarden Jahren. Bis vor kurzem glaubte man, alle Kugelhaufen seien sehr alt. In letzter Zeit hat man jedoch solche Systeme entdeckt, die sehr jung sind, und zwar in Regionen des Weltalls, wo ganze Galaxien zusammenstoßen. Dabei können sich offensichtlich neue, junge Kugelhaufen bilden.**

## Wie zeigen uns Radiowellen die Milchstraße?

Da kamen die Radiotechniker den Astronomen zu Hilfe. Die riesigen Dunkelwolken bestehen in der Hauptsache aus Wasserstoff. Auch bei sehr niedrigen Temperaturen strahlt Wasserstoff Radiowellen aus, und zwar auf den 21-cm-Wellen. Diese Wellen durchdringen ungehindert Dunst, Nebel und Staub. Überall dort, wo das Licht blockiert wird, gehen wir daher von der Lichtastronomie zur Radioastronomie über. Man baute riesige Antennen mit Durchmessern von bis zu 305 m (wie in Arecibo auf der Karibik-Insel Puerto Rico), mit denen man das Weltall im Radiobereich belauscht. Bei der Erforschung der Form der Milchstraße hat uns die Radioastronomie einen großen Teil der Ergebnisse gebracht.

Heute wissen wir: Die Gas- und Staubmassen, vermischt mit dichteren Ansammlungen von Sternen, haben die Form einer Spirale, deren Arme vom Zentrum ausgehend die Mitte umschlingen, etwa einem riesigen Kraken vergleichbar, der mit seinen langen Tentakeln in einen Wasserwirbel geraten ist. Unsere Milchstraße ist also ein so genannter „Spiralnebel" (siehe Seite 43).

Wie alles im Weltall befindet sich auch die Milchstraße in einer gewaltigen Rotation. Genau wie in unserem Planetensystem kreisen die inneren Sterne schneller um die Mitte als die Sterne weit draußen. Da unsere Sonne ziemlich weit am Rande der Milchstraße steht, dauert es für sie etwa 250 Millionen Jahre, bis sie eine Umdrehung vollendet hat. Da die Sonne etwa 5 Milliarden Jahre alt ist, hat sie also das Zentrum der Milchstraße erst 20-mal umrundet.

*Der Kugelsternhaufen M13 im Sternbild Herkules besteht aus 100 000 bis 150 000 Sternen. Er ist knapp 25 000 Lichtjahre von uns entfernt und nähert sich unserem Sonnensystem mit einer Geschwindigkeit von 228 km/s. In der Milchstraße gibt es etwa 300 solcher Kugelsternhaufen.*

## Was sind Kugelhaufen?

Unsere Milchstraße ist rundherum, und zwar in kugeliger Anordnung, mit einer sehr besonderen Form von Sternhaufen geschmückt. Es sind dies die berühmten „kugelförmigen Sternhaufen" oder „Kugelsternhaufen". Sie bestehen aus besonders dichten Ansammlungen von mehreren 100 000 bis einigen Millionen Einzelsternen, die im Zentrum dicht gedrängt, nach außen hin etwas lockerer werden; ihre Durchmesser betragen 15 bis 600 Lichtjahre. Auf fotografischen Aufnahmen gehören die Kugelhaufen zu den schönsten Erscheinungen am Sternenhimmel. Auch in einem großen Fernrohr sind sie ein wundervoller Anblick: Sie glitzern wie eine Handvoll Diamanten auf schwarzem Samt.

Im Allgemeinen ist die Natur darauf bedacht, ihre Schöpfung im

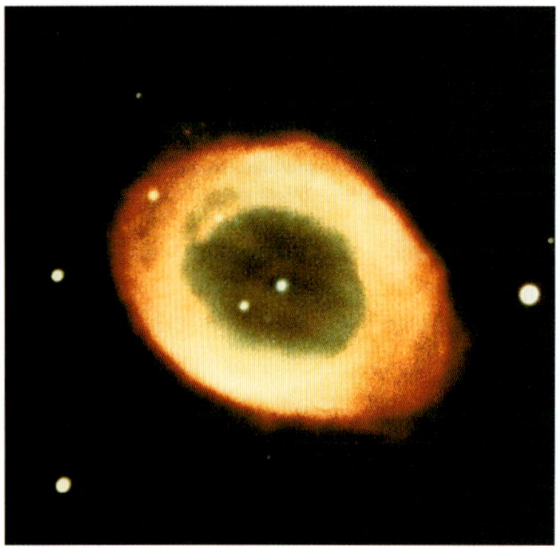

*Der Ringnebel M57 im Sternbild Leier (links außen) ist 1800 Lichtjahre entfernt und besteht aus leuchtendem Gas, das den Zentralstern in Kugelform umhüllt. Irreguläre Galaxien – wie links M82 im Sternbild Großer Bär – haben keine festen Umrisse und enthalten meist große, heiße blaue Sterne.*

Weltall milliardenfach zu wiederholen. Von den Kugelhaufen jedoch, die unsere Milchstraße wie eine Krone schmücken, gibt es in unserem System nur etwa 300 Stück.

## Was ist ein „Schwarzes Loch“?

Der Kosmos ist zwar reich an Objekten, die wir sehen können – Sterne, helle Nebel, Planeten. Ein großer Teil der Masse im Universum ist jedoch unsichtbar: die Schwarzen Löcher. Ein Schwarzes Loch ist eine Sternenmasse, die zum Beispiel nach der Explosion einer Supernova zu so hoher Dichte zusammengepresst wurde und darum eine so gewaltige Schwerkraft entwickelte, dass nicht einmal das eigene Licht entkommen kann.

Schwarze Löcher kann man deshalb grundsätzlich nicht sehen und ihr Nachweis ist nur indirekt möglich : über ihre Anziehungskraft auf Körper in ihrer Umgebung. Alle Wissenschaftler sind jedoch davon überzeugt, dass es sie gibt. Astronomen schätzen, dass es allein in unserer Milchstraße über 100 Millionen Schwarze Löcher gib, jedes einzelne das Überbleibsel eines Riesensterns, der irgendwann in der Vergangenheit explodierte.

Die Masse eines Schwarzen Lochs muss ungeheuer groß sein, vielleicht zehnmal größer als die unserer Sonne, weil es alles, was an interstellarem Gas oder anderer kosmischer Materie in seine Nähe kommt, verschlingt.

Große Teile der Masse des Universums, so schätzen die Astronomen, könnten in diesen Löchern unsichtbar verborgen sein. Auf ihre Existenz weisen bisher nur Röntgenstrahlen hin, die aus bestimmten Stellen des Universums kommen, in denen bisher auch mit modernsten optischen oder Radioteleskopen nichts zu sehen war.

*Dieses einmalige Bild wurde vom Hubble-Weltraumteleskop aufgenommen. Es zeigt Galaxien, die Milliarden von Lichtjahren entfernt sind. Ihr Licht war viele Milliarden Jahre zu uns unterwegs. Wir sehen diese Sternfamilien also so, wie sie vor Jahrmilliarden aussahen und blicken in die Frühgeschichte des Alls.*

### Planetarischer Nebel

**Gebilde wie den oben links außen gezeigten Ringnebel nennt man „planetarische Nebel“. Diese Bezeichnung erklärt sich aus historischer Sicht. Die Nebel sahen in Fernrohren nämlich Planeten ähnlich. Die planetarischen Nebel entstehen, wenn ein sterbender kleinerer Stern seine äußeren Hüllen abstößt. Lange glaubte man, die Nebel seien etwa kugelförmig. Das Hubble-Teleskop aber hat uns gezeigt, dass die planetarischen Nebel ganz unterschiedliche Formen haben können. Das Abblasen der äußeren Sternhüllen erfolgt offenbar nicht ganz regelmäßig. Den abgebildeten Ringnebel M57 kann man schon mit einem guten Amateurfernrohr sehen.**

*Der Spiralnebel M51 im Sternbild Jagdhunde zählt wegen seiner ausgeprägten Spiralform zu den eindrucksvollsten Galaxien. Er ist etwa acht Millionen Lichtjahre von uns entfernt. Der helle Fleck rechts am Ende des oberen Spiralarms ist eine irreguläre Galaxie. Die anderen Sterne stehen im Vordergrund und gehören zu unserer Milchstraße. Man sieht also auf diesem Foto durch die Milchstraße hindurch.*

# Die Grenzen von Raum und Zeit

**Edwin P. Hubble war einer der größten Astronomen der Geschichte. Der amerikanische Wissenschaftler lebte von 1889 bis 1953 und entdeckte, dass die Spiralnebel ferne Galaxien sind. Auch hatte er maßgeblichen Anteil an der Entdeckung, dass sich das ganze Weltall ausdehnt.**

## Was ist ein Spiralnebel?

In ganz dunklen Nächten kann man mit dem bloßen Auge im Sternbild der Andromeda ein schwach glimmendes Lichtfleckchen erkennen, das die Astronomen schon seit langem kennen. Es ist der berühmte „Andromedanebel". Nach der Erfindung des Fernrohrs entdeckte man noch andere ähnliche Nebelflecke, die man allerdings erst nach der Erfindung der Himmelsfotografie näher erforschen konnte. Die meisten von ihnen haben die Gestalt von harmonisch geformten Spiralen; deshalb nannte man sie „Spiralnebel". Ihre wahre Natur hat man allerdings erst später, nämlich vor rund 80 Jahren nachweisen können, als das damals größte Fernrohr (Mount-Wilson-Teleskop) mit einem Spiegeldurchmesser von 2,5 Metern in Dienst gestellt wurde. Damit gelang es dem amerikanischen Astronomen Edwin Hubble, die Südspirale des Andromedanebels in eine Riesenzahl feinster Sternchen aufzulösen. Er erbrachte eine sensationelle Erkenntnis: Die Spiralnebel sind selbstständige Milchstraßen, unserer Milchstraße an Größe und im Range gleich. Da inzwischen Milliarden von diesen Milchstraßen entdeckt worden sind, wissen wir erst seit wenigen Jahrzehnten, wie unvorstellbar groß und reich das Universum ist.

Seit man nun weiß, was diese Nebelflecke in Wirklichkeit darstellen, hat man ihnen auch einen eigenen Namen gegeben; man nennt sie „Galaxien", abgeleitet von dem griechischen Wortstamm „galact" für Milch.

*Um die ungeheure Größe des Weltalls zu zeigen, wurde hier je ein Würfel in den nächstgrößeren daneben gestellt. Dabei wurde die Kantenlänge des vorigen Würfels jedes Mal um das 1000-fache, der Rauminhalt damit um das Milliardenfache vergrößert.*

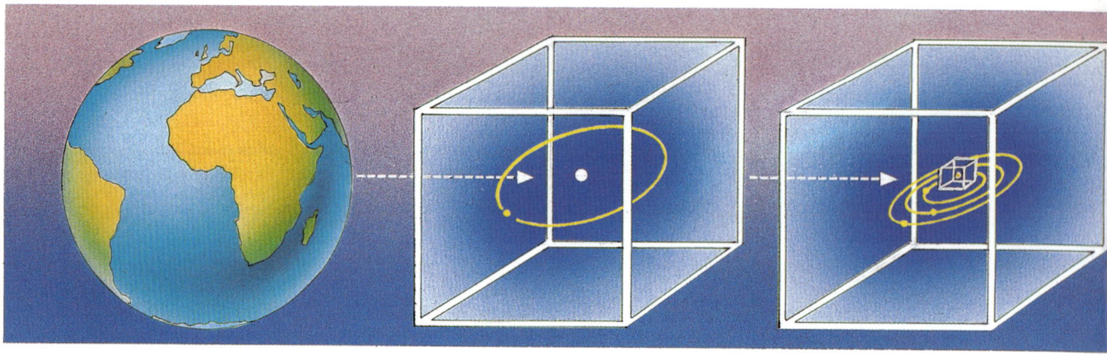

Erde
Durchmesser
12757 km

Erde – Mond
Kantenlänge
1 500 000 km

Innere Planeten
Kantenlänge
1 500 000 000 km

## Wie misst man die Entfernung einer Galaxie?

Man wusste schon seit langem, dass die Galaxien sehr weit von uns entfernt sein müssen. Um diese Entfernungen zu messen, hat man sich Folgendes überlegt: Aus unserer eigenen Milchstraße wissen wir, dass selbst die hellsten Sterne eine obere Helligkeitsgrenze haben. Da man im Andromedanebel Einzelsterne fotografieren konnte, mussten diese wohl auch Helligkeitsgiganten sein. Da sie aber sehr viel schwächer erschienen als die entferntesten Sterne in unserer eigenen Milchstraße, konnte man die Entfernung des Andromedanebels recht genau messen. Das Ergebnis war gewaltig: Die Entfernung des Anromedanebels entspricht dem 30-fachen Durchmesser unserer Milchstraße – das sind drei Millionen Lichtjahre. Wenn wir also den Andromedanebel betrachten, empfängt unser Auge Lichtstrahlen, die über drei Millionen Jahre lang unterwegs waren! Dabei müssen wir bedenken, dass das Licht in jeder Sekunde 300 000 Kilometer zurücklegt und bis zur Sonne nur etwa 8 Minuten benötigt. Als das Licht den Andromedanebel verließ, gab es noch keine Menschen auf der Erde.

## Wie viele Galaxien gibt es im All?

Inzwischen hat man aber mehr als 100 Milliarden Galaxien entdeckt, die einen ungeheuer großen Raum erfüllen. Riesenfernrohre haben die sichtbare Grenze des Universums bis zu einer Entfernung von über 15 Milliarden Lichtjahren ins All hinausgeschoben.

Nun hat Hubble auch entdeckt, wie sich die Galaxien im Weltraum bewegen. Für uns scheinen sie unbeweglich still zu stehen. Es gibt aber einen besonderen Trick, mit dem man feststellen kann, ob sich ein Himmelskörper auf uns zu oder von uns weg bewegt. Wenn man an einer Autobahn steht und die Autos an sich vorüberrasen lässt, merkt man, dass sich das Geräusch eines

### Wellenlänge und Frequenz

**Licht und Schall kann man als Wellenbewegung beschreiben. Dabei sind zwei Begriffe wichtig. Unter der Wellenlänge versteht man den Abstand zwischen zwei Wellenbergen oder zwei Wellentälern. Die Frequenz besagt, wie viele Wellenberge uns pro Sekunde erreichen. Außerdem haben die Wellen noch eine ganz bestimmte Ausbreitungsgeschwindigkeit. Je größer die Frequenz ist, um so kleiner ist die Wellenlänge.**

*Der Andromedanebel ist das bekannteste Sternsystem außerhalb unserer Milchstraße. Dieser Spiralnebel ist etwa drei Millionen Lichtjahre von uns entfernt.*

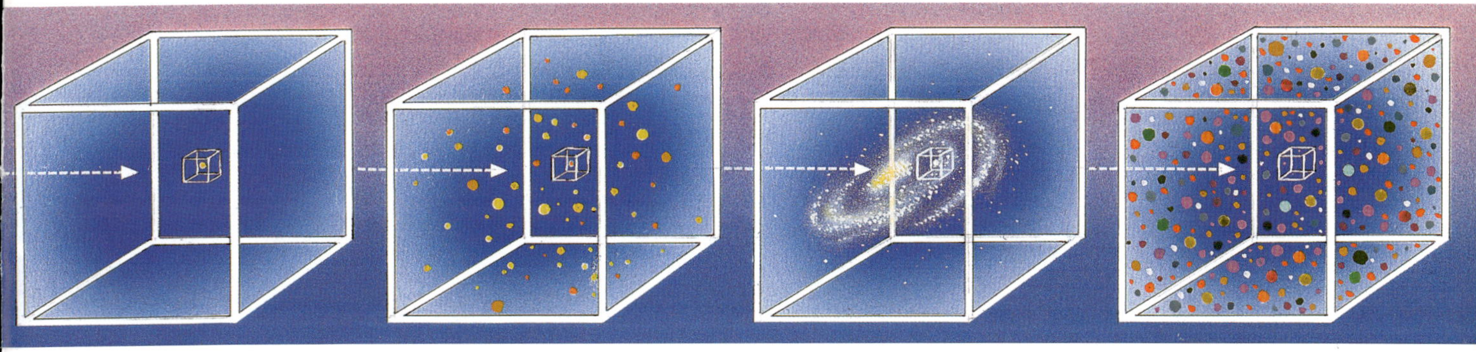


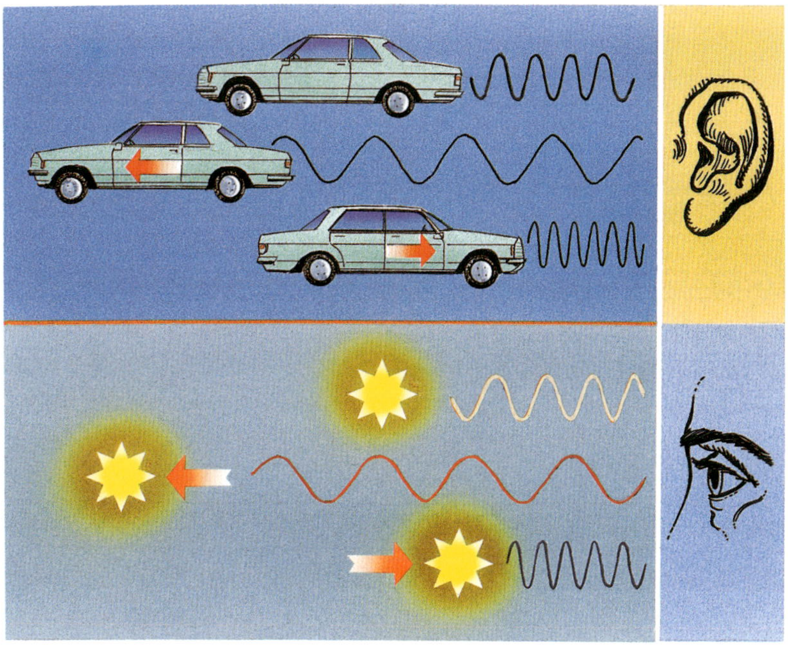

*Je schneller ein Auto von uns wegfährt, um so größer wird die Wellenlänge und um so tiefer hören wir es brummen. Fährt es auf uns zu, hören wir wegen der kürzeren Wellenlänge einen höheren Ton. Genauso verschiebt sich die Wellenlänge des Lichts eines Sterns entsprechend seiner Bewegungsrichtung: Fliegt er von uns weg, verschiebt sich seine Farbe zu Rot, kommt er auf uns zu, verschiebt sie sich zu Ultraviolett.*

Wagens in dem Augenblick ändert, in dem er vorbeifährt – es wird tiefer. Das hat einen einfachen Grund. Die Höhe des Tons hängt von seiner Frequenz ab, das ist die Anzahl der Schallwellen, die in einer Sekunde an unser Ohr dringen. Je höher die Frequenz ist, desto höher ist der Ton. Die Schallquelle ist in unserem Fall das herannahende Auto. Solange es auf uns zufährt, treffen pro Sekunde mehr Schallwellen an unser Ohr, als wenn es stünde. Die Frequenz – und damit der Ton – ist höher. Ist das Auto an uns vorbeigefahren, erreichen uns pro Sekunde weniger Schallwellen, die Frequenz ist gesunken, der Ton ist tiefer. Aus solchen Frequenzänderungen der Schallwellen können die Physiker leicht die Geschwindigkeit des Fahrzeuges bestimmen.

## Was ist die Rotverschiebung?

Nun besteht ja auch das Licht aus Wellen, wobei von den sichtbaren Lichtstrahlen Rot die größte und Violett die kleinste Wellenlänge hat; Rot ist also langwelliges, Violett kurzwelliges Licht. Edwin Hubble stellte nun fest, dass die Wellenlänge vieler Galaxien zu Rot hin verschoben ist, und zwar um so mehr, je schwächer die Galaxie leuchtet. Man spricht deswegen von der „Rotverschiebung“ der Galaxien, aus der man – wie beim Auto auf der Straße – die Geschwindigkeit errechnen kann.

Anhand dieser Messungen hat Edwin Hubble die Geschwindigkeiten von vielen hundert Galaxien bestimmt und dabei wiederum eine große Entdeckung gemacht. Er hat nämlich festgestellt, dass alle Galaxien sich praktisch von uns wegbewegen, und zwar um so schneller, je weiter sie entfernt sind.

Man spricht dabei von der „Flucht der Spiralnebel“. Diese Flucht kann man sich an einem einfachen Modell klarmachen: Betrachten wir einmal einen Luftballon, auf den wir vorher viele kleine Punkte gemalt haben. Der Luftballon soll das Weltall sein, die Punkte sind die Galaxien. Wenn wir den Luftballon aufblasen, vergrößert sich seine Oberfläche und alle Punkte streben auseinander. Dabei wird die Fluchtgeschwindigkeit, also die Geschwindigkeit, mit der sich die einzelnen Punkte voneinander entfernen, immer größer, je weiter die Punkte voneinander entfernt sind.

Diese Fluchterscheinung gilt für jeden einzelnen Punkt auf dem Ballon, also im ganzen Kosmos. Das bedeutet: Das Weltall dehnt sich aus; der Fachausdruck dafür lautet „expandierendes Universum“.

Nun wollen wir das Experiment einmal umdrehen und den Film sozusagen rückwärts ablaufen lassen, um zu erfahren, was sich in der Vergangenheit abgespielt haben muss: Wir lassen die Luft aus dem Ballon heraus. Er schrumpft zusammen, die Punkte nähern sich einander. Da sich die entferntesten Punkte am schnellsten bewegen, treffen alle im gleichen Moment am selben Punkt, nämlich im Mittelpunkt des Ballons, zusammen.

## Wie ist die Welt entstanden?

Nun kennen wir ja die Entfernungen und die Geschwindigkeiten einer großen Zahl von Galaxien. So kann man leicht das Schicksal des Universums in die Vergangenheit zurückrechnen: Sein Anfang muss etwa 20 Milliarden Jahre zurückliegen. Allerdings müssen damals alle Galaxien, alle Sterne, ja die gesamte Masse des Universums an einem Punkt vereinigt gewesen sein. In der Tat stellen sich die Astronomen heute so die Geburt des Universums vor: Die vereinigten Massen mit einer ungeheuren Dichte und Temperatur sind in einer Urexplosion auseinander geplatzt und begannen, sich voneinander zu entfernen. Noch heute fliegen die Galaxien wie riesige Bombensplitter durch das Weltall. Deshalb hat die Geburt des Universums einen ganz besonderen Namen bekommen: „Urknall“.

### Der Urknall

**Das Wort „Urknall“ ist nicht sehr glücklich gewählt. Man glaubt bei diesem Begriff, die Teile des Weltalls seien in einen schon vorhandenen Raum geschleudert worden. Wahrscheinlich ist nach Ansicht der meisten Physiker jedoch mit dem Urknall alles, also auch Zeit und Raum, entstanden. Nach und nach entstanden dann die Naturkräfte, Elementarteilchen, Atome, Galaxien und Sterne.**

*Wie die Punkte auf einem Luftballon, den man aufbläst, entfernen sich die Galaxien im sich ausdehnenden Universum voneinander mit wachsender Geschwindigkeit.*

**COBE**

**Um den Ursprung der Materie zu untersuchen, hatte der 1989 ausgesetzte Satellit COBE die Stärke und Verteilung der „Hintergrundstrahlung" untersucht, die aus den Tiefen des Universums kommt und als „Echo des Urknalls" gilt. Er fand leichte Schwankungen in der Verteilung der Energie, die vielleicht die Keime sind, aus denen schließlich die großen Galaxienstrukturen wurden, die wir heute überall sehen.**

### Was ist die dunkle Materie?

Wir sehen im Weltall die verschiedenartigsten Gebilde: Sterne, Gaswolken, Galaxien, Haufen von Galaxien und dazwischen riesige leere Räume. Es muss aber außer den sichtbaren Objekten noch viel mehr Massen geben, von denen wir nichts sehen können.

Zu diesem Schluss kamen die Astronomen, als sie die Galaxien näher untersuchten: Sie drehen sich zu schnell! Eigentlich müssten sie durch ihre Fliehkraft zerrissen werden – außer es gäbe in ihnen viel mehr Masse, als man auf den Fotos sieht. Ähnliches gilt für die Haufen von Galaxien: Sie können nur zusammenbleiben, wenn es in ihnen zusätzliche Massen gibt. Was diese Massen sind, ist noch ein großes Rätsel. Vielleicht sind es auch Neutrinos, geisterhafte Teilchen, die es in riesigen Mengen im Universum gibt, von denen aber noch nicht klar ist, ob sie überhaupt Masse haben.

Die „dunkle Materie" brauchen die Astronomen auch, um das Rätsel zu lösen, wie aus einer kurz nach dem Urknall noch gleichmäßig verteilten Materie die Strukturen wurden, die wir heute im Weltall beobachten.

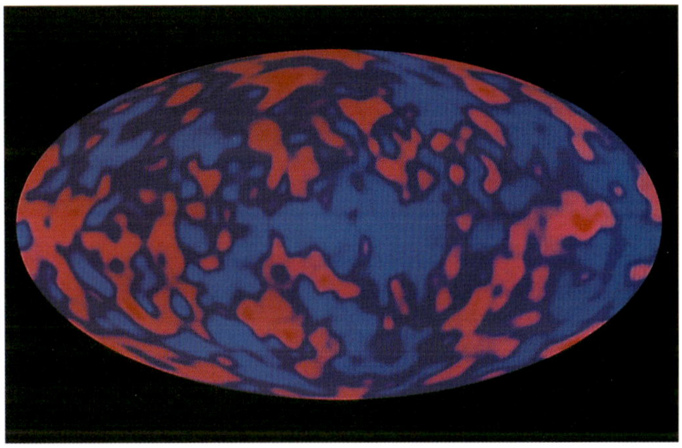

*Dieses „Weltbild" des Satelliten COBE war im Juni 1992 eine Sensation: Es zeigte zum ersten Mal die Spuren im noch jungen, erst 300 000 Jahre alten Universum, aus denen die großen Strukturen des heutigen Universums heranwuchsen.*

# Menschen in fernen Welten

**UFOs**

**Immer wieder wird von „fliegenden Untertassen" oder UFOs berichtet. UFO bedeutet zunächst nur „unbekanntes Flugobjekt". Die meisten solcher Erscheinungen kann man leicht erklären: Es kann sich um helle Planeten, bestimmte Wolkenarten, Wetterballone, die Reflexion von Scheinwerfern oder vorüberziehende, helle Satelliten handeln. Einige UFO-Erscheinungen aber sind nicht erklärbar; es könnte sich um heute noch nicht verstandene Naturphänomene handeln.**

### Kann es auf Planeten ferner Sterne Leben geben?

Seit die Menschen wissen, dass unser Planet nicht allein ist in unserem Sonnensystem, sondern ähnlich große Geschwister hat, haben sie immer wieder die Frage gestellt, ob nicht auch die anderen Planeten Leben tragen. Vor allem wurde überlegt, ob es nicht auch andere vernunftbegabte Wesen gibt, andere Menschheiten, die genau wie wir in den Himmel schauen und sich über die Schöpfung wundern. So hat man ernsthaft über Mond-, Venus- und Marsmenschen nachgedacht.

Schon vor Beginn der Weltraumfahrt waren die Astronomen skeptisch. Die Oberflächen der Planeten und die Umweltbedingungen, die dort herrschen, entsprechen nicht den irdischen Verhältnissen. Leben braucht Wasser, eine Lufthülle und vor allem eine gleichmäßige, mittlere Temperatur. Nur unsere Erde besitzt all diese Voraussetzungen, um dem Leben eine Wohnstätte zu bieten.

Diese Annahmen haben sich bewahrheitet, als wir auf dem Mond landeten und unbemannte Instrumententräger auf den Nachbarplaneten Venus und Mars absetzten. Die gesamte bisherige Erforschung unseres Planetensystems hat nir-

*So schnell auch künftige Raumschiffe sein mögen – die Entfernungen im All sind so groß, dass die Menschen die Distanz bis zu einem Stern mit von intelligenten Lebewesen bevölkerten Planeten wohl nie überbrücken können.*
*Selbst fast lichtschnelle Raumschiffe würden keinen anderen Stern erreichen: Da der Weltraum nicht leer ist, würde das Schiff mit frei im All schwebender Materie zusammenstoßen und infolge hoher Reibungshitze verdampfen.*

gendwo auch nur einen Hinweis auf jetziges oder ausgestorbenes Leben ergeben. In unserem Sonnensystem ist die Erde der einzig belebte Planet.

Nun haben wir ja gesehen, dass das Weltall mit Billiarden von Sternen und Milliarden von Galaxien angefüllt ist. Aus diesem Grunde muss es im Weltall viele Milliarden Planeten geben. Unter ihnen gibt es mit Gewissheit ungezählte Millionen erdähnlicher Planeten, auf denen das Leben gedeihen kann und sich wohl auch entwickelt hat. Darunter gibt es auch bestimmt viele solcher Planeten, auf denen wie auf unserer Erde intelligente Wesen leben.

**Warum werden wir unsere Brüder im All nie sehen?**

Astronomen und Biologen sind heute davon überzeugt, dass das Weltall von Leben wimmelt. Die Schöpfung ist zu reich, als dass wir die einzigen Wesen mit Vernunft und Intelligenz sein könnten. Die Frage ist nur, ob wir mit unseren Brüdern im All Verbindung aufnehmen können. Die Chance, dass sich jemals zwei intelligente Menschheiten von verschiedenen Himmelskörpern besuchen können, ist sehr gering. Wir haben gesehen, wie riesig groß die Entfernungen im Weltall sind. Eine Reise zu den nächsten Sternen würde Hunderte oder Tausende von Jahren dauern. Nun könnten unsere Brüder im All mit ihrer Weltraumtechnik uns weit überlegen sein und Wege finden, auch diese riesigen Entfernungen zu überbrücken. Dann aber ist immer noch die Zeit ein gewaltiges Hindernis. Es wäre ein Riesenzufall, wenn ein solcher Besuch von einem fremden Stern gerade zu dieser Zeit stattfände, in der wir uns so weit entwickelt haben, dass wir überhaupt begreifen könnten, wer diese fremden Besucher sind. Vielleicht waren vor 300 Millionen Jahren einmal Lebewesen aus dem All da. Da gab es uns noch nicht und sie mussten unverrichteter Dinge wieder abreisen. Vielleicht kommen sie in 50 Millionen Jahren – dann wird es uns nicht mehr geben.

**Europa**

**Der Jupitermond Europa ist, wie amerikanische Raumsonden gezeigt haben, von einem dicken Eispanzer bedeckt. Darunter ist wahrscheinlich ein Wasserozean. Einige Wissenschaftler halten es für möglich, dass es in diesem Meer Lebewesen gibt. Später sollen vor Ort Bohrungen vorgenommen werden, um den Europa-Ozean zu erforschen. Die Chance, dort Leben zu finden, ist allerdings klein.**

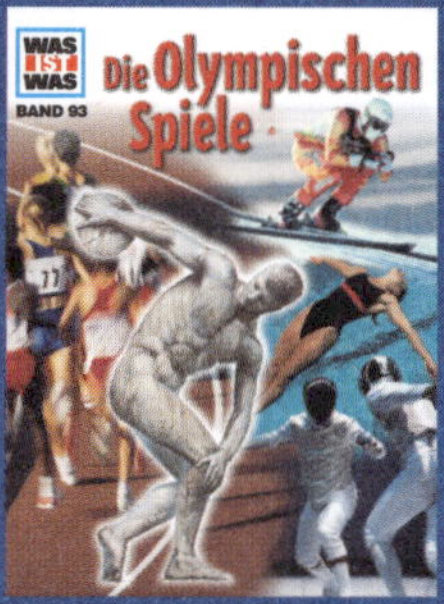

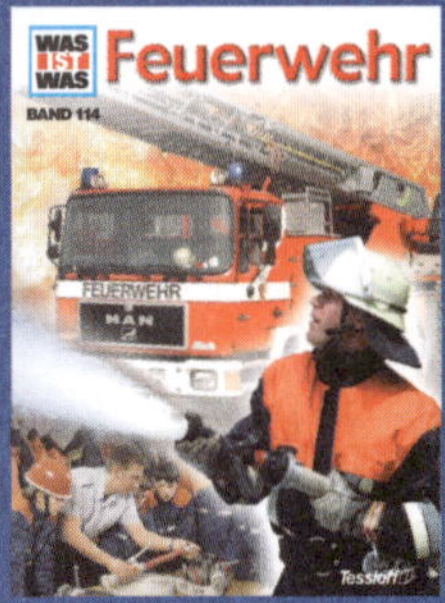

Die Reihe wird fortgesetzt.